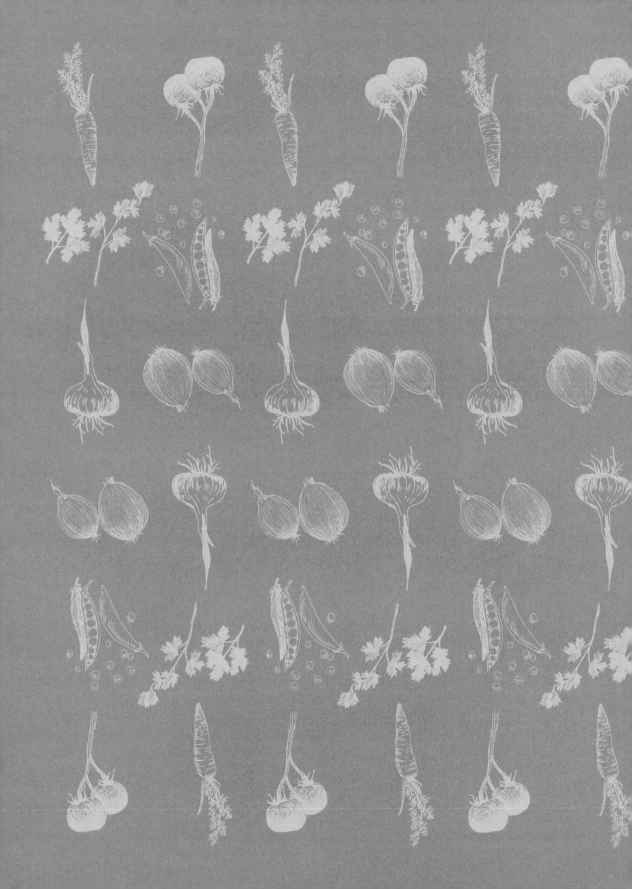

在地食材 x 異國香料，每天蔬果多一份的不偏食樂活餐　〔作者〕金一鳴Jimmi

LOHO 異國風
蔬食好味道

看起來超豐富、
吃起來好滿足，
擋不住的
蔬食好滋味！

朱雀文化

新蔬食生活的異國好味道

愛吃蔬菜多一點的原因

我還未進化成完全的蔬食者，但如果要在蔬食與肉食間做出選擇，我想我會毫不猶豫選擇當一位「草食男」。從小就不是個挑食的孩子，似乎也想不到有任何不吃的蔬果，雖然不是刻意選擇，但平日的飲食比例就是蔬菜大於葷食，加上前幾年頻繁接觸身心靈講座後，吃到肉類身體容易出現不舒服的反應，也開始養成了多蔬果少肉類的飲食習慣。

台灣的素食文化本來就蓬勃，一直以來因為宗教的關係，素食在我們的飲食文化裡早早佔有一席之地，過去台灣素食料理為了增加口感味道，偏好使用過多的人工再製素料與調味醬料，加上經濟發展與社會富足，人們的飲食習慣開始越來越精緻，導致營養過剩卻不夠均衡。於是近年來興起了另一波「蔬食」風潮，健康的飲食與生活意識開始受到重視，蔬食料理因此成為一種健康生活的選擇，而現今更多具有環保意識、愛地球與尊重生命的人，也相繼加入了蔬食生活。

蔬食也能輕鬆做好好吃

隨著世界各國的料理文化與香草、香料等食材陸續進入台灣，讓異國風味的蔬食料理更加豐富、健康與天然，其中最具特色的地中海料理，更是符合這樣的健康概念。將地中海沿岸溫暖

的陽光、清新的空氣、充沛的雨水所孕育出的豐富蔬果，搭配上優質的橄欖油與奶蛋製品，還有新鮮或乾燥的香草香料，廣泛且多元地運用於蔬食料理，不僅可取代過多的人工醬料與調味品，還增添了許多料理的異國風情與趣味。把握住這樣的原則，在台灣要做健康蔬食料理一點也不困難，只要盡量選擇在地又當季的蔬果食材，不僅能減少農藥過量或不安全的使用，還可降低因遠距離或跨國運輸食材增加的環保成本，更能鼓勵在地農夫用心生產更安全健康的食材。如果大家有空時能常走進市場甚至產地，多去認識了解食材的生產過程與生產者，還能因此讓產地到餐桌的距離更加縮短。

「吃」除了能提供我們維持生命的能量，更應該是一件開心與享受的事，在一連串食安風暴與黑心食品充斥的現在，多吃健康天然的食物成了一股全民運動。不論你是不是全然的素食或蔬食者，健康的飲食運動其實就可以從多吃蔬食料理開始。由衷希望能藉著這本書內不同國家與文化的料理方式、各種異國香草香料的多元運用，讓「蔬食」成為一種更有趣、更健康的新飲食生活。

PS：本書中所使用的是225ml、225c.c.的量杯；1大匙為15ml、15c.c.，1小匙為5ml、5c.c.的量匙。

 **均衡的多色蔬果沙拉／可口開胃的前菜／
滑順好喝的湯品**
Salad／Appetizer／Soup

Part 2 在地食材做出美味的異國風主菜 Main Course

〈認識少見的蔬果食材〉

1. **甜菜根**：尺寸約如洋蔥般大小，切開後果肉呈鮮紅色，汁多口感偏脆，富含維生素及鐵質，對素食者與女性來說是不可多得的好食材。

2. **櫛瓜**：又稱西葫蘆，看起來雖然有點像小黃瓜，但是外皮較硬，適合用來燉煮或煎炸，如果生吃的話，可稍微削去外皮後切薄片食用。

3. **糯米青辣椒**：看起來類似青色小辣椒，但是糯米青辣椒表皮微皺，有辣椒風味，吃起來卻不會嗆辣，可以配色也可以當作主食材入菜。

4. **圓厚茄子**：又稱日本茄，皮肉較為厚硬，很適合用來做焗烤料理，喜歡日式口味的人也可以直接剖半後，塗上醬油味噌進烤箱。

5. **紅洋蔥**：糖分含量較低，辛辣味也較淡，適合搭配各種料理，也因為它外表鮮艷的顏色，所以很適合拿來當作生菜沙拉的食材。

6. **一般長茄子**：茄子富含維生素，因為容易氧化變黑，料理前可先將切好的茄子放入鹽水浸泡，不僅容易保持顏色，也能讓茄子不會吸附太多油脂。

7. **豆薯**：又稱作涼薯，褐色外皮容易剝除，吃起來有類似荸薺的爽脆口感，含水量高且富含澱粉，適合拿來做涼拌菜，當然也可以炒食。

8. **猴頭菇**：自古以來被視為一種名貴食材，料理後十分美味，營養價值也高，吃起來的口感很有咬勁，可以久煮並且容易吸附湯汁。

〈異國料理常見的新鮮香草〉

1.**百里香**：又叫麝香草有烹飪和藥用價值。除了可以熬湯、燉煮、泡茶、釀酒之外，調配成漱口水後具有殺菌功能。

2.**檸檬葉**：有股優雅的香氣，在泰式料理中扮演著不可或缺的角色，烹調時不要加太多，剪成細絲或是用手搓揉後再加到料理中，就能增添風味。

3.**鼠尾草**：帶有點淡淡的胡椒味，適合用來搭配各式食材，也能製作起司或直接沖泡成茶飲，乾燥後放於室內也有防蟲功用。

4.**羅勒**：義大利料理中常用的羅勒品種稱為甜羅勒，台灣常見品種為九層塔，雖然在氣味與口感上有些許不同，但都因其特殊香氣，所以很適合拿來入菜。

5.**香茅**：因為帶有明顯的檸檬香氣，所以又稱為檸檬草，經常被用來提煉精油，有驅蟲、提神、消除疲勞或是做為室內芳香的功用。

6.**迷迭香**：葉片有樟腦的氣味，很適合搭配重口味料理、製作香草油和香草醋，也能泡成香草茶，特殊香氣還可以提神醒腦。

7.**巴西里**：又稱洋香菜、荷蘭芹或歐芹，通常分成平葉和捲葉兩個品種。平葉的氣味較為溫和，多用在料理上，而捲葉則用在裝飾排盤。

8.**南薑**：又稱為高良薑，香氣十足不會過於辛辣，是泰式湯品或咖哩料理中常用香料，有著多結根莖的特殊外型。

9.**芫荽**：又稱香菜，有獨特香氣，是大家都很熟悉的一種食用香草，常用在湯品或涼拌料理的提味，含有豐富的維生素。

10.**薄荷葉**：物種相當多，較常見的是胡椒薄荷和綠薄荷。氣味芳香，除可搭配食材入菜，也可製作茶飲，用途很廣。

11.**奧勒崗**：又叫作牛治，是常見的烹調香料，乾燥的奧勒崗比新鮮時香氣更為濃郁。除了搭配蕃茄和起司，更常用來搭配披薩食用。

〈特殊的異國香料粉〉

1. **番紅花**：香味特殊，泡水後會溶出金黃色澤，因為每一朵花裡僅有3～4絲雌蕊可用，摘取費工，所以價格極為昂貴。

2. **月桂葉**：味道有些微苦，乾燥後的香氣更帶有點草藥的風味，一般常用在燉煮、煲湯等料理上，煮後會散發濃濃香氣。

3. **百里香**：乾燥後的百里香香氣濃郁，氣味雖然強烈，但是帶有檸檬皮的清新，經常被拿來使用在燉煮料理，是西式料理中常見的香草之一。

4. **黑芥末籽**：一般分為白、褐、黑三種顏色，本身聞起來沒有味道，加熱或是磨碎後香氣跟嗆辣味會變得明顯，放入乾燥的容器中可以保存很久。

5. **丁香**：是一種可以觀賞的花卉，也是可以入菜的香料，原產於印尼，單獨食用味道濃烈，與食物烹調後轉為溫和甜味，因此也適合用在甜品上。

6. **芫荽粉**：芫荽就是香菜，所以芫荽粉又叫香菜粉，可用在焗烤、調配咖哩粉等料理上。

7. **紅椒粉**：以燈籠椒和多種辣味、甜味辣椒粉混合製成，多用在烹調米飯、燉煮食物和烹調湯品上。

8. **奧勒崗**：有名的披薩香草，很適合搭配蕃茄、起司一同食用，也經常用於墨西哥料理中。

9. **巴西里**：是很普遍的一種香料，乾燥過後更為溫和，並且帶有香草味，適合用於湯類或是餐點的裝飾。

10. **龍蒿**：有類似茴香的氣味，除了烹調上使用，也可用於醋、沙拉醬等調料，用在湯、餡料、炒蛋等料理也很適合。

11. **彩色胡椒**：胡椒有好幾種，常見顏色有黑白綠紅，依不同味道使用在各種料理中，也可放入研磨罐中一同磨碎使用，香氣更為豐富。

〈異國蔬食料理常用起司、醬料及食材〉

1. **罐頭雞豆**：又稱鷹嘴豆，含有多種維生素與植物性蛋白，脂肪含量低，是營養又好吸收的食材，有乾燥豆與罐頭豆可供選擇。

2. **白酒醋**：以尚未成熟的白葡萄、香料和醋酸菌短期發酵釀造而成。味道溫和，多做成沙拉醬或者涼拌醬汁。

3. **紅酒醋**：以紅葡萄、香料和醋酸菌短期發酵釀造而成。帶點澀味，常與橄欖油混合做成油醋、沙拉醬。

4. **油漬蕃茄乾**：濃縮了蕃茄的香氣與滋味，很適合切細絲後拿來炒義大麵，自己做也不難，只要把新鮮蕃茄烤乾後裝入密封罐，再倒入橄欖油，就可以常備使用。

5. **伍斯特辣醬油**：來自英國的調味料，酸甜微辣，也有人稱作英國黑醋、辣醋醬油。因最早的生產地是在伍斯特郡，所以有此名稱。

6. **義大利陳年酒醋**：產自於義大利，又叫巴薩米哥醋。以90℃熬煮24小時所得的濃縮葡萄汁，經過釀造而成。通常用在沙拉醬汁、麵包沾醬或飲品。

7. **卡門貝爾起司**：是白黴起司的一種，也是法國諾曼地地區知名的起司之一，味道溫和，深受喜愛。

8. **藍黴起司**：用青黴菌發酵而成，是乾酪的一種，表面帶有藍色斑紋，味道偏重鹹，常用於烹飪或醬汁的佐料。

9. **罐頭紅腰豆**：原產於南美洲，是乾豆類中營養相當豐富的一種，可用來煮飯、燉咖哩或入湯，對於素食者較缺乏的鐵質，也能完整補充。

〈需要先花時間製作的蔬菜高湯與常備食材〉

蔬菜高湯

〈材料〉Ingredients
洋蔥1顆、大蔥1根、芹菜2支、胡蘿蔔2根、
橄欖油1大匙、月桂葉1片、綜合乾燥香草1
小匙（新鮮1大匙）、水2,000ml

〈做法〉Recipe
1. 洋蔥切約2公分大丁；大蔥、芹菜斜切2公
   分段；胡蘿蔔削皮，縱切一分為四，再斜
   切2公分段。
2. 橄欖油倒入湯鍋中加熱，加入洋蔥丁、大
   蔥段以中小火炒約3～4分鐘至香軟，再加
   入芹菜段、胡蘿蔔段、月桂葉、綜合乾燥
   香草、水，煮開後轉小火續煮50～60分
   鐘。過濾已軟爛的湯料，待湯汁冷卻後即
   可放入冰箱冷凍或冷藏保存。

香草橄欖油

〈材料〉Ingredients
迷迭香4支、百里香8支、奧勒崗8支、特級
橄欖油2杯

〈做法〉Recipe
1. 取一寬口玻璃瓶容器，先用熱水高溫殺
   菌、晾乾，再放入已經擦乾水氣的香草。
2. 倒入橄欖油蓋過所有香草，旋緊瓶蓋，放
   於室內陰涼處至少10天以上再使用。
3. 完成後的風味油可用紗布或細濾網過濾，
   再另外盛裝到美麗的玻璃瓶，瓶中也可加
   入幾支新鮮香草裝飾，可保存幾個月。

醃檸檬

〈材料〉Ingredients
黃色檸檬10～12顆（未上蠟）、粗海鹽
165g.、黑胡椒圓粒½小匙、月桂葉2片、檸
檬汁60ml、熱開水適量、防油烤焙紙一張

〈做法〉Recipe
1. 準備一個約2,000ml（2公升）的玻璃密封
　罐，先用熱水高溫殺菌、晾乾。檸檬外
　皮清洗乾淨，從屁股往蒂頭方向縱切4等
　份，但蒂頭部分保持相連不切斷，再將檸
　檬4瓣分開、塞入海鹽，將所有塞滿海鹽
　的檸檬開口朝上放進玻璃罐。
2. 放入黑胡椒圓粒、月桂葉，淋上檸檬汁，
　倒入熱開水淹過所有檸檬，取一張防油烤
　焙紙鋪在最上方，壓重物讓檸檬浸於醃汁
　中，蓋上瓶蓋密封放於陰涼處儲放1～4個
　月再使用。開封後取出烤焙紙，放入冰箱
　中冷藏。

香草風味醋

〈材料〉Ingredients
百里香4支、月桂葉1片、鼠尾草2片、薰衣
草1小束、巴西里2小束、白酒醋2杯

〈做法〉Recipe
1. 取一寬口玻璃瓶容器，先用熱水高溫殺
　菌、晾乾，再放入已經擦乾水氣的香草。
2. 倒入白酒醋蓋過所有香草，旋緊瓶蓋，放
　於室內陰涼處至少10天以上再使用。
3. 完成後的風味油可用紗布或細濾網過濾，
　再另外盛裝到美麗的玻璃瓶，瓶中也可加
　入幾支新鮮香草裝飾，可保存幾個月。

Part 1 均衡的多色蔬果沙拉／
可口開胃的前菜／滑順好喝的湯品
Salad／Appetizer／Soup

Mediterranean Salad

Mediterranean 地中海 Salad

地中海沙拉

地中海的氣候，孕育出種類豐富的蔬果與各式新鮮香草，
它們也被廣泛地使用在當地料理，品嘗這道沙拉時彷彿再次回到那陽光國度。

Ingredients 〈材料〉4～6人份

牛蕃茄4個、青椒1個、紅甜椒1個、紅洋蔥1顆、大黃瓜½條、羅蔓生菜適量、菲達起司（Feta Cheese）225g.、黑橄欖15顆

Mediterranean Herb Oil 〈地中海香草橄欖油〉

迷迭香4支、百里香8支、奧勒崗8支、特級橄欖油2杯

Dressing 〈淋醬〉

地中海香草橄欖油45ml、檸檬汁45ml、蒜仁1瓣、鹽和黑胡椒適量

Recipe 〈做法〉

1. 牛蕃茄切塊；青椒、紅甜椒去蒂去籽，和紅洋蔥都切條狀；大黃瓜可削可不削皮，剖開去籽切塊；羅蔓生菜切約一口大小；菲達起司切小塊備用。

2. 製作地中海香草橄欖油：取一寬口玻璃罐，將香草放入罐中，再將橄欖油加入蓋過香草，將罐蓋旋緊放於室內陰涼處至少10天以上。完成後的風味油可用紗布或細濾網過濾，再另外盛裝到美麗的玻璃瓶，瓶中也可加入幾支新鮮香草裝飾，可保存幾個月。

3. 製作淋醬：將淋醬所有材料加入玻璃罐中，搖晃乳化均勻。

4. 將所有蔬菜放入沙拉缽中，加入菲達起司後輕輕拌勻，再淋上淋醬稍微輕拌，最後撒上黑橄欖裝飾即可。

Tips

清晨新鮮香草未被太陽曬到之前香味濃郁，也是最適合採摘的時候。採摘下的香草不論是否清洗，一定要將水氣拭去並且風乾，才不會發霉。香草的種類可隨個人喜好或料理用途選擇，像是保有薰衣草香氣的普羅旺斯風味油，或適合搭配魚類料理的蒔蘿風味油等。

為避免風味油變質，盛裝的玻璃瓶罐容器，一定要經過熱水高溫殺菌、晾乾才可使用。

蘋果洋芋腰果沙拉

酸甜蘋果搭配爽脆羅蔓生菜、淋上甜甜的蜂蜜芥末美乃滋醬後，
瞬間就能變身成一道開胃沙拉。
洋芋也能增加飽足感，不想吃太多的時候，拿來當成正餐也很適合。

Ingredients 〈材料〉4人份

紅蘋果2個、洋芋2個、紅甜椒1個、腰果50g.、羅蔓生菜3～4片、蔓越莓
果乾50g.

Dressing 〈基本美乃滋〉

蛋黃2個、法式芥末醬1小匙、特級橄欖油150ml、葵花油或沙拉油150ml、
白酒醋2小匙、鹽和黑胡椒適量

〈蜂蜜芥末美乃滋醬〉

基本美乃滋4大匙、法式芥末醬1大匙、蜂蜜½～1大匙、動物性鮮奶油90ml

Recipe 〈做法〉

1. 製作基本美乃滋：將蛋黃和法式芥末醬加入食物處理機中攪打到均勻滑
   順，再將特級橄欖油少量加入繼續攪打，之後繼續加入葵花油或沙拉
   油，打至醬汁變濃厚，最後拌入白酒醋，再加入鹽和黑胡椒調味即可。
2. 製作蜂蜜芥末美乃滋醬：將所有材料全部拌勻即可。
3. 準備沙拉食材：紅蘋果削皮去核，切2公分塊狀，泡鹽水備用；洋芋削
   皮切2公分塊狀，加入滾水中煮約10分鐘或至熟軟，取出放涼備用；紅
   甜椒去蒂去籽，切約2公分塊狀；腰果放入烤箱以180℃烤至金黃；羅蔓
   生菜以手撕成小片備用。
4. 最後將蘋果塊、洋芋塊、紅甜椒塊、羅蔓生菜混合盛盤，撒上腰果與蔓
   越莓果乾，最後淋上蜂蜜芥末美乃滋醬即可上桌。

Tips

● 動物性鮮奶油是由牛奶提煉，因此蛋奶素的讀者可以食用。

Apple, Potato and Cashews Salad

Tips

● 基本沙拉油醋醬汁中的油與醋比例大約是 3:1，若喜歡較酸口味，可將醋的份量增加至 2:1 或 1:1。

● 如果不易取得新鮮的歐式香草，可只用較常見的巴西里（洋香菜），或是改用乾燥香草，但用量要比新鮮香草用量減少½～⅔。

● 如果將醬汁中的檸檬汁改成白酒醋，省略新鮮香草，改加1小匙的法式芥末醬，就成了經典的法式淋醬。

地中海 Vegetable Ribbons Salad

蔬菜緞帶沙拉

如緞帶般的蔬果薄片更容易沾附沙拉醬汁，
不僅能幫助醬汁和沙拉食材充分融合，
也能減少醬汁的用量。

Ingredients〈材料〉4人份

胡蘿蔔½根、青木瓜¼個、櫛瓜1條、生菜葉適量

Dressing〈法式香草淋醬〉

特級橄欖油60ml、葵花油或沙拉油30ml、檸檬汁1大匙、新鮮香草末4大匙（巴西里parsley、蝦夷蔥chives、龍蒿tarragon、馬約蘭marjoram）、糖適量、鹽和黑胡椒適量

Recipe〈做法〉

1. 將胡蘿蔔縱切，留½使用；青木瓜削皮縱切去籽，留¼使用；胡蘿蔔、青木瓜和櫛瓜分別以削皮器削成緞帶狀，削好的蔬果緞帶泡入冰水中冰鎮備用，可增加蔬果的爽脆口感。

2. 製作法式香草淋醬：將特級橄欖油、葵花油、檸檬汁倒入玻璃罐中，再加入切碎的新鮮香草末、糖、鹽和黑胡椒，蓋上蓋子後搖動玻璃罐，讓油醋乳化均勻即可。

3. 將適量生菜葉鋪放在盤底，將冰鎮後的蔬菜緞帶瀝乾水分，隨意排放在生菜葉上，也可再任意裝飾一些金蓮花等愛吃的生菜。

4. 食用前再次搖勻醬汁，淋在蔬菜沙拉上即可。

希臘黃瓜沙拉

這道希臘黃瓜沙拉傳統的醬汁完全是以希臘優格為基底，除了添加薄荷葉末，
就只加入少許糖和蒜末提味，而這裡則是改以美乃滋與鮮奶增加滑順感，
很適合想要嘗試不同口味的人。

Ingredients〈材料〉4人份
大黃瓜1條、鹽1小匙、裝飾用紅椒
粉適量、薄荷葉1朵

Dressing〈優格淋醬〉
原味優格150ml、美乃滋30ml、鮮奶
30ml、巴西里葉末1大匙、薄荷葉末
1大匙

Recipe〈做法〉

1. 將大黃瓜削皮對剖，以小湯匙挖
   去中間籽，切薄片後拌入鹽醃漬
   10分鐘左右。

2. 製作優格淋醬：將所有材料拌勻
   即可，香草葉可選擇自己喜愛
   的，若不加也可以。

3. 最後以冷開水將大黃瓜片的鹽分
   沖掉，水分瀝乾後和優格淋醬拌
   勻，再撒上些紅椒粉，並點綴薄
   荷葉。

Tips
● 鹽漬黃瓜可藉由鹽將
黃瓜片軟化，並流出苦
澀汁液，但時間不可過
久，以免味道過鹹。

摩洛哥 Grilled Eggplant
and Pepper Salad

摩洛哥烤茄子甜椒沙拉

這道沙拉中烤得香軟的茄子，
好像不小心流落在香料市場裡，
一入口馬上化出滿滿的北非異國風味。

Ingredients〈材料〉4人份

　　大顆圓茄子1個、橄欖油適量、紅甜椒3個、酸豆1½大匙

Dressing〈摩洛哥淋醬〉（chermoula）

　　蒜仁2瓣、小紅辣椒1支、特級橄欖油90ml、檸檬汁45ml、芫荽葉末3大匙、巴西里葉末2大匙、
　　檸檬皮末2大匙、小茴香粉1小匙、紅椒粉½小匙、鹽適量

Recipe〈做法〉

1. 大顆圓茄子切約2公分塊狀放於淺盤，淋上些許橄欖油，移至預熱180℃的烤箱，烤約25分鐘
　　或至茄子熟軟，取出放涼。

2. 紅甜椒對半縱切去蒂去籽，放於淺盤中，淋上橄欖油移至烤箱，烤約20分鐘或至外皮起泡即
　　可取出，放涼後撕去外皮、切塊。

3. 製作摩洛哥淋醬：蒜仁切末、小紅辣椒去籽切末，再將所有材料放於玻璃罐混合均勻即可。

4. 最後將茄子、紅甜椒、酸豆放於大碗中，淋上摩洛哥淋醬，把所有食材與醬料攪拌均勻就可
　　以開動。

印度薄荷鳳梨沙拉

這道口味酸辣又帶點甜的印度風沙拉，
主角原本是紅石榴，這裡改以鳳梨丁取代，
在選食材的時候，記得要挑選口味較酸的鳳梨，
吃起來會更能凸顯口感。

Ingredients〈材料〉4人份

乾雞豆100g.（熟雞豆200g.）、洋芋300g.、
鳳梨400g.、小蕃茄200g.、紅洋蔥1顆、新鮮
薄荷葉碎3大匙、裝飾用薄荷葉適量、排盤用
苜蓿芽適量

Dressing〈蜂蜜檸檬淋醬〉

小茴香籽1小匙、特級橄欖油3大匙、檸檬汁4
大匙、蜂蜜2大匙、乾辣椒粉1小匙

Recipe〈做法〉

1. 乾雞豆泡水靜置一晚，換新水以瓦斯爐或
   電鍋煮至熟軟，放涼備用；洋芋削皮，切
   約1.5公分丁狀，煮熟放涼備用；鳳梨切1
   公分小丁；小蕃茄對切；紅洋蔥切約1.5公
   分小丁備用。

2. 製作蜂蜜檸檬淋醬：將小茴香籽先烤過，
   以研缽搗成粉，再和其他所有材料倒入玻
   璃罐中搖晃均勻即可。

3. 將雞豆、洋芋丁、鳳梨丁、小蕃茄、紅洋
   蔥丁、薄荷葉碎倒入沙拉缽，淋上淋醬和
   食材混合均勻，盛盤時先鋪些苜蓿芽再裝
   飾薄荷葉就可上桌。

西班牙烤甜椒沙拉

在西班牙旅遊期間，除了橄欖、蕃茄外，
甜椒應該是我最常吃的蔬果，
它是辣椒的馴化改良種，和蕃茄一樣來自中南美洲，
當西班牙人大啖它們的時候，
或許也是在緬懷那一段殖民榮光吧！

Ingredients 〈材料〉2人份

紅、黃甜椒共4個、蒜仁1瓣、百里香2束、新鮮巴西里
葉末1大匙、橄欖20顆、酸豆2大匙

Dressing 〈淋醬〉

特級橄欖油90ml、義大利陳年酒醋或紅酒醋45ml、紅
椒粉1小匙、鹽和黑胡椒適量

Recipe 〈做法〉

1. 將烤肉網架放在爐火上，甜椒放上去將外皮烤至焦
   黑，再裝入塑膠袋中悶幾分鐘，取出後剝去焦黑外
   皮，以冷開水沖洗乾淨，再以手撕或刀切成條狀備
   用；蒜仁切片備用。

2. 將條狀甜椒、蒜仁片、百里香、巴西里葉末、橄
   欖、酸豆全部混合均勻。

3. 把淋醬的所有材料放入玻璃罐中搖晃乳化後，倒入
   甜椒沙拉中混合均勻，覆蓋上保鮮膜密封，移入冰
   箱冷藏4小時以上或一整晚，讓甜椒和其他食材、醬
   汁味道融合。食用前先從冰箱取出，待稍微回溫後
   即可享用。

Marinated Red Cabbage

醃紫高麗泡菜

這道醃漬菜簡單易做又耐保存，
除了可當作前菜沙拉，
它的漂亮艷紫當成配菜
也會大大增加料理的顏色。

Ingredients〈材料〉4人份

紫高麗½個、鹽1大匙、蒜仁2瓣、月桂
葉1片、酸豆2大匙、彩色胡椒圓粒1大
匙、鹽和糖適量、白酒醋450ml

Recipe〈做法〉

1. 紫高麗切成約1公分寬條狀，拌入1大匙鹽以手
略為抓搓，靜置約30分鐘，讓蔬菜的苦澀汁液
流出，再以冷開水沖洗掉鹽分，最後瀝掉水分
並以紙巾吸乾後備用；蒜仁拍扁備用。

2. 將紫高麗條、拍扁的蒜仁、月桂葉、酸豆、彩
色胡椒圓粒、鹽和糖混合均勻，一起放進大玻
璃罐中稍壓密實，再倒入適量白酒醋醃過紫高
麗即可。因為紫高麗已用鹽抓醃過，此處加鹽
時份量不可太多。

3. 移至冰箱醃漬24小時以上，待紫高麗入味即
可。

烤麵包時蔬沙拉

吃不完的隔夜麵包又多了一種新吃法，烤得金黃的麵包丁搭配新鮮沙拉帶來酥脆口感，而且又能像海綿般吸附滿滿醬汁。

Ingredients 〈材料〉4人份

歐式麵包200g.、牛蕃茄3個、橄欖油適量、紅、黃甜椒共3個、紅洋蔥½顆、大黃瓜¼條、紫萵苣適量、香草風味醋3大匙、義大利陳年酒醋2大匙、鹽和黑胡椒適量、裝飾用九層塔葉適量

Dressing 〈香草風味醋〉

百里香4支、月桂葉1片、鼠尾草2片、薰衣草1小束、巴西里2小束、白酒醋2杯

Recipe 〈做法〉

1. 製作香草風味醋：取一寬口玻璃罐，將香草放入罐中，再將白酒醋加入蓋過香草，罐蓋旋緊放於室內陰涼處至少10天以上。

2. 麵包切成約2公分塊狀，直接放於烤盤或另一淺盤，淋些橄欖油，移至預熱180℃的烤箱，烤約10分鐘或麵包塊呈金黃色。

3. 牛蕃茄縱切4等份以小湯匙挖去籽肉，湯汁可保留備用，再切約2公分塊狀，然後將蕃茄塊和麵包塊放入大碗中，淋上3大匙橄欖油和之前保留的蕃茄汁混合均勻，靜置30分鐘。

4. 甜椒去蒂去籽，和紅洋蔥都切2公分片；大黃瓜縱切後以湯匙挖除籽，每半邊縱切成3條後再切塊；紫萵苣撕成易入口大小備用。

5. 將甜椒片、紅洋蔥片、大黃瓜塊、紫萵苣加入蕃茄塊與麵包塊的大碗中，混合均勻。淋上香草風味醋、義大利陳年酒醋，再以鹽和黑胡椒調味，將所有食材醬料拌勻讓味道融合，最後裝飾九層塔葉即可。

Tips

香草風味醋製作方法與注意事項基本上與地中海香草橄欖油一樣，風味醋可放置於陰涼處保存長達一年。

Roasted Bread and Vegetables Salad

Spicy Sweetcorn Salad

墨西哥香辣玉米沙拉

這道墨西哥式沙拉裡有紅、綠、黃、黑等各種顏色的食材，
光看照片感覺就已經很能挑起食慾，
清爽中帶點辣味的醬汁，吃進嘴裡更是完美組合！

Ingredients〈材料〉4人份

洋蔥½顆、大支紅、青辣椒各1支、黑橄欖10顆、小蕃茄
200g.、酪梨1個、橄欖油2大匙、玉米粒400g.、九層塔
葉末2大匙、鹽和黑胡椒適量

Dressing〈千島沙拉醬〉

沙拉油60ml、柳橙汁30ml、檸檬汁30ml、檸檬皮末1
大匙、洋蔥末1大匙、紅椒粉1小匙、伍斯特辣醬油
（Worcestershire Sauce）2小匙、新鮮巴西里末1大
匙、鹽和黑胡椒適量

Recipe〈做法〉

1. 製作千島沙拉醬：將所有材料放入玻璃罐中拌勻後先
   試嘗味道，再將瓶蓋蓋緊，搖晃乳化均勻。若手邊沒
   有伍斯特辣醬油，可用一般淡醬油加上幾滴塔巴斯可
   辣醬(Tabasco®)或辣椒粉代替。

2. 洋蔥切小丁；紅、青辣椒去籽切小丁（喜愛辣味者可
   保留辣椒籽）；黑橄欖橫切圓片；小蕃茄對半橫切；
   酪梨去籽挖出果肉，切約1.5～2公分塊狀備用。

3. 橄欖油倒入鍋中加熱，先放洋蔥丁拌炒2分鐘至香
   軟，再加入辣椒丁、黑橄欖片、玉米粒，繼續拌炒
   約3分鐘，起鍋前將小蕃茄、酪梨塊、九層塔葉末拌
   入，撒上適量鹽和黑胡椒調味即可。

4. 最後盛裝於沙拉缽碗中，淋上千島沙拉醬，將沙拉和
   醬汁混合均勻即可享用。

Tips

傳統的千島沙拉醬是以美乃滋為主角，再混合其他食材或醬汁，最常見的版本就是直接混合蕃茄醬，而這裡選用的配方，是較為清爽的油醋版本。

Deep Fried Curried Plantain
印度 with Coconut Chutney

炸咖哩芭蕉片佐香椰沾醬

剛炸好的麵衣因為加入咖哩粉後更增添香氣與鹹味,熱呼呼咬下一口後,
芭蕉特有香氣與甜味會慢慢在嘴中散布開來,也可以當成嘴饞時的小零食享用。

Ingredients 〈**材料**〉**4人份**

熟芭蕉4條、低筋麵粉85g.、咖哩粉1大匙、泡打粉1小匙、椰奶150ml、沙拉
油適量

Dips 〈**香椰沾醬**〉**4人份**

椰絲125g.、薑1公分、青辣椒1支、黑芥末籽½大匙、新鮮芫荽葉末2大匙、
細砂糖½大匙、椰奶100ml、檸檬汁適量、鹽適量

Recipe 〈**做法**〉

1. 製作香椰沾醬:將椰絲放在熱水中泡軟;薑切末、青辣椒去籽切碎;黑芥
   末籽放在平底鍋中乾炒1～2分鐘,或放入烤箱中烤香備用。泡軟椰絲取出
   擠乾水分,和其他所有材料放入食物處理機中打成泥,最後加檸檬汁、鹽
   調味。

2. 芭蕉剝皮切成約0.5公分斜長片;低筋麵粉、咖哩粉、泡打粉一起過篩,
   加入椰奶攪拌,混合均勻。

3. 芭蕉片分批沾裹咖哩麵糊;將適量沙拉油倒入厚底湯鍋中加熱至180℃,
   或將麵包丁放入油鍋中,如果在30秒內呈金黃色,表示油溫已到,即可放
   入芭蕉片油炸約2分鐘或呈現金黃色即可。

4. 最後將炸好的芭蕉片取出,置於廚房紙巾上吸去多餘油分,搭配香椰沾醬
   一起食用。

Deep Fried Curried Plantain with Coconut Chutney

羅勒蘑菇
烤蕃茄

蕃茄是很適合拿來做鑲餡料理的蔬果之一，
與蘑菇、橄欖、起司更是絕配，
自製的麵包碎屑，
也讓這道菜多了一種酥脆口感，
當作餐前開胃小點，份量剛剛好。

Ingredients 〈材料〉4人份

　　牛蕃茄4個、蘑菇8朵、黑橄欖8顆、麵包60g.、新鮮羅勒葉末4大匙、新鮮巴西里葉末2大匙、紅酒醋2大匙、鹽和黑胡椒適量、帕瑪森起司粉（Parmesan Powder）適量、橄欖油適量

Recipe 〈做法〉

1. 牛蕃茄對半橫切，以小湯匙將籽肉汁液取出；蘑菇快速清洗，切除菇梗，瀝乾水分，和黑橄欖都切碎；麵包烤乾壓成碎屑備用。

2. 將蘑菇碎、黑橄欖碎、麵包碎屑和羅勒葉末、巴西里葉末混合均勻，加入紅酒醋、鹽和黑胡椒調味，即成內餡。最後將混合好的內餡平均填入牛蕃茄中，撒上帕瑪森起司粉。

3. 蕃茄排放在烤盤，淋上適量橄欖油，放入預熱180℃的烤箱烤約20～30分鐘，或至蕃茄熟軟即可取出享用，可於表面裝飾些許黑橄欖片。

地中海

Pan-fried King Oyster Mushroom with Capers Butter Sauces

香煎杏鮑菇佐酸豆奶油醬

酸豆是續隨子的俗稱,來自地中海沿岸一種野生植物,當地人會把果實醃漬做為調味用途,不論是用來拌沙拉或是調製醬汁都很適合,也可以做成酸豆奶油。

Ingredients 〈材料〉2人份

大支杏鮑菇4支、橄欖油1大匙

Sauces 〈酸豆奶油醬〉

奶油2大匙、紅洋蔥⅛顆、酸豆1大匙、百里香葉末1大匙、白酒2大匙、鹽和黑胡椒適量

Recipe 〈做法〉

1. 杏鮑菇稍微沖洗後將水分擦乾,縱切成3～4公分長片;紅洋蔥切細丁備用。

2. 橄欖油1大匙倒入平底煎鍋中加熱,將杏鮑菇片排放於煎鍋中,每面各煎約1分鐘,取出置於盤上。

3. 製作酸豆奶油醬:利用原有煎鍋放入奶油加熱融化,先加入紅洋蔥丁,轉中小火拌炒2～3分鐘,再放入酸豆和百里香葉末繼續拌炒1～2分鐘。淋上白酒,轉大火將醬汁收至濃稠,加適量鹽和黑胡椒調味。

4. 最後將酸豆奶油醬淋在杏鮑菇片上,可於表面裝飾些香草,即可開動。

Spicy Coconut
with Mango

香椰芒果

芒果在東南亞地區也是常見食材，
菲律賓會把青芒果配上蝦醬做的沾醬，
在泰國即使是當零食吃，
也會搭著辣椒砂糖，
當然它在印度料理中也不能缺席。

Ingredients〈材料〉4人份

椰絲200g.、乾辣椒2支、黑糖1大匙、鹽適量、冷開水少許、芒果果肉600g.、乾檸檬葉8
片、沙拉油2大匙、黑芥末籽1小匙

Recipe〈做法〉

1. 將椰絲、乾辣椒、黑糖、鹽放入食物處理機中打碎，攪打時可酌加少許冷開水，將攪
   碎的椰絲倒在淺盤上備用。

2. 芒果果肉切成2公分塊狀，均勻沾裹碎椰絲，再放入冰箱中冷藏冰鎮。

3. 乾檸檬葉浸於熱水中，泡軟後切絲、瀝乾水分；沙拉油倒入鍋中加熱，加入黑芥末
   籽、檸檬葉絲爆香。最後將爆香好的香料和熱油淋在芒果塊上，稍加混合即可，可於
   表面裝飾些香草。

Roasted Balsamic and Honey Mushrooms

義大利酒醋烤蘑菇

這道菜的食材有橡木桶釀造的酒醋、花叢間蜜蜂辛勤採的蜂蜜,以及林蔭間長出的蘑菇,
一起譜出森林系料理奏鳴曲。

edients〈材料〉4人份

紅洋蔥2顆、蘑菇24朵、義大利陳年
酒醋4大匙、蜂蜜4大匙、百里香3支
或百里香葉末1大匙、鹽和黑胡椒適
量、特級橄欖油適量

Recipe〈做法〉

1. 紅洋蔥切去根部、除去外皮,如
   切柳丁般分切8等份;蘑菇快速清
   洗,稍微切除菇梗尾端、瀝乾水分
   備用,若形狀太大可對切。

2. 取適當大小錫箔紙鋪在盤上,先鋪
   洋蔥瓣,再放蘑菇,淋上義大利
   陳年酒醋、蜂蜜,撒上百里香與適
   量鹽和黑胡椒,最後將錫箔紙包封
   好。

3. 將蘑菇錫箔包放入預熱180℃的烤
   箱,烤約15～20分鐘或蘑菇、洋蔥
   都熟軟即可,取出後打開,淋上幾
   滴特級橄欖油增加香味。

ips

浸洗過。

太白的菇有可能是用漂白水

選時可選擇帶些土漬的菇,

容易變黑,要盡快料理。挑

多水分香氣減少,且水洗後

稍微沖淨就好,避免吸進太

拭即可。若以清水清洗,則

培,因此可以用乾淨濕布擦

現今菇類多以室內溫室栽

開。

掉太多,分切時就不容易散

紅洋蔥在切根部時不要切

香草蔬果奶油佐麵包

厭倦一成不變的奶油抹麵包了嗎？
選好你喜歡的香草與蔬果，親手製作獨一無二的風味奶油吧！

Ingredients〈材料〉

歐式麵包適量

〈陽光蕃茄羅勒奶油〉可製作約270g.風味奶油

油漬日曬蕃茄乾70g.、無鹽奶油200g.、九層塔葉末2大匙、
鹽和黑胡椒適量

〈森林野菇芥末奶油〉可製作約220g.風味奶油

中型乾香菇4朵、熱開水2杯、無鹽奶油200g.、新鮮迷迭香葉
末1小匙、法式芥末醬1大匙、鹽和黑胡椒適量

Recipe〈做法〉

1. 製作陽光蕃茄羅勒奶油：將油漬蕃茄乾盡量除油，放入食
   物處理機中打成泥，再將回溫軟化的無鹽奶油也加入，和
   蕃茄泥混合攪打均勻。

2. 接著加入九層塔葉末混合攪打，最後以鹽和黑胡椒調味就
   完成了。

3. 製作森林野菇芥末奶油：乾香菇泡入熱開水中約15分鐘或
   至軟，取出擠去水分後切成碎末，再放入攪拌盆中和回溫
   軟化的無鹽奶油拌勻。

4. 將迷迭香葉末、法式芥末醬加入拌勻，最後以適量鹽和黑
   胡椒調味即可。

5. 取適量風味奶油塗抹在麵包上搭配食用。

Tips

● 蕃茄乾可保留一半不打泥，改以刀切成末，最後再拌入奶油中，可以吃得到顆粒口感。

● 做好的奶油可置於錫箔紙、防油蠟紙捲裡，裹成圓柱長條狀、兩端如糖果包裝一樣捲起保存，也可填入鋪有保鮮膜的蛋糕模型中，放入冰箱冷藏。最好1星期內使用完畢，否則奶油中的新鮮香草或食材會失去風味也容易變質，若置於冷凍，則可保存至1個月。

甜薯餅佐東風蕃茄醬

自製的蕃茄醬因為加了蒜仁與九層塔末，吃起來口味比市售品更有變化，配著地瓜餅一起吃，也更能襯出地瓜本身的甜味。

Ingredients 〈材料〉4人份（12個）

地瓜500g.、蒜仁2瓣、小青辣椒1支、九層塔葉20片、醬油1大匙、麵粉適量、沙拉油適量

Dips 〈東風蕃茄醬〉

蒜仁1瓣、薑末1½大匙、九層塔末2大匙、牛蕃茄3個、沙拉油2大匙、醬油3大匙、檸檬汁1大匙、細砂糖1大匙

Recipe 〈做法〉

1. 製作東風蕃茄醬：蒜仁先切末；牛蕃茄去皮去籽，果肉切碎備用。沙拉油倒入炒鍋加熱，放入蒜末、薑末，以中小火拌炒約1分鐘，再加入蕃茄碎熬煮約5分鐘後離火倒出，再將醬油、檸檬汁、九層塔末、細砂糖拌入即可。

2. 地瓜削皮後煮熟，或直接帶皮蒸熟後再去皮，以湯匙背壓成泥狀備用。蒜仁、小青辣椒、九層塔葉放入研缽中搗爛，再拌入醬油，加入地瓜泥攪拌均勻。

3. 適量麵粉鋪在淺盤上，將地瓜泥均分為12等份，雙手先沾冷水，將地瓜泥搓成圓球，再將地瓜球沾裹薄薄一層麵粉，之後壓成圓餅狀。

4. 煎鍋中倒入約0.5公分高的沙拉油加熱，將地瓜餅分批放入，兩面都煎到金黃色即可，上桌後搭配東風蕃茄醬食用。

Sweet Potato Cakes with Soy-Tomato Sauce

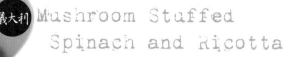

義大利 Mushroom Stuffed Spinach and Ricotta

香菇鑲菠菜起司

這道菜香濃順口的內餡除了當成鑲餡，
拿來做義大利餃或千層麵的夾餡也很適合，
如果瑞可塔起司（Ricotta Cheese）不易購買，
也可用奶油起司（Cream Cheese）代替
但份量要稍微減少。

Tips

● 瑞可塔起司是一種乳膏狀的義大利
軟質起司，傳統上是由羊奶製成，它
的質地滑順，而且帶著淡淡清甜味，
開封後最好在2～3天內使用完畢。

● 挑選香菇時最好買大小適中、肉
厚、傘褶外緣捲起較高呈碗狀者佳，
這樣的形狀更適合鑲填內餡。

Ingredients〈材料〉4人份

新鮮香菇16朵、菠菜200g.、罐頭蕃茄400g.、蒜仁1瓣、橄欖油2大匙、白麵包50g.、鮮奶
100ml、瑞可塔起司（Ricotta Cheese）150g.、撒用的麵粉少許（太白粉或玉米粉亦可）、鹽和
黑胡椒適量

Recipe〈做法〉

1. 新鮮香菇快速用水沖乾淨，再以乾淨毛巾或紙巾拭乾水分，用小刀將蒂頭去除；菠菜煮過後
   濾乾水分；將罐頭蕃茄取出切碎，保留蕃茄湯汁；蒜仁切成碎末備用。

2. 先將橄欖油、白麵包、鮮奶加入食物處理機中攪碎，再加入煮過的菠菜、瑞可塔起司，繼續
   攪打成滑順泥狀，取出放於大碗中，以適量鹽和黑胡椒調味，內餡就完成了。

3. 取少許麵粉撒於香菇內側菇傘的褶面，幫助內餡更容易附著在香菇上，以小湯匙將內餡填鑲
   於香菇內側。

4. 將蕃茄碎、蕃茄湯汁、蒜末、鹽和黑胡椒混合均勻倒於烤盅內，再將填好內餡的香菇排在蕃
   茄醬汁上，送進預熱180℃的烤箱烤約20分鐘，取出趁熱食用。

香草醋漬時蔬

將盛產的蔬果裝入瓶罐中，不僅保留住季節的風味，
也成了廚房中最美的風景。

Ingredients 〈材料〉**可製作出1.5公升罐裝醋漬時蔬**

小黃瓜2條、蘆筍6支、秋葵8支、紅洋蔥½
顆、紅甜椒1個、小黃甜椒4個、大支紅、
青辣椒各1支、玉米筍6支

Marinade 〈醋漬汁〉

白醋150ml、水或白酒150ml、蒜仁1瓣、
月桂葉1片、百里香數支、彩色胡椒圓粒1
小匙、細砂糖3大匙、鹽1小匙

Recipe 〈做法〉

1. 先將所有蔬菜都洗淨，小黃瓜縱切成長
   條；蘆筍若根部較硬或纖維較粗，可先
   切除或削去外皮；秋葵切除蒂梗；紅洋
   蔥切瓣；甜椒去蒂去籽，切長條；辣椒
   剖開去籽。處理好的蔬菜分批快速放入
   沸水中約10秒殺青，取出後放涼，晾乾
   備用。

2. 取一約1,500ml（1.5公升）大小的寬口
   玻璃罐，先以熱開水燙過殺菌後風乾，
   將所有蔬菜緊密排放於罐中。

3. 將醋漬汁的所有材料加入鍋中，煮開
   放涼，再倒入裝滿蔬菜的玻璃罐中，
   蓋子旋緊密封，放於陰涼處約3天即可
   入味，若希望蔬菜更入味，可靜置1星
   期。

Tips

● 未開蓋的醋漬蔬菜，可
於陰涼處保存1個月，冷藏
可保存2～3個月，若已開
蓋，就必須放到冰箱裡冷藏
保存。醋漬汁中的水若改用
白酒，除了可以增加風味，
還能延長保存時間。

Asparagus with Saffron Hollandaise

蘆筍佐番紅花荷蘭醬

親手做了這道經典法式醬汁之後，相信你更能體會法式料理的細膩之處，
特別是用完美醬汁來襯托食材的真實滋味。

Ingredients 〈材料〉4人份

無鹽奶油180g.、蘆筍20支、鹽和橄欖油少許

Sauces 〈荷蘭醬〉

無鹽澄清奶油125g.彩色胡椒圓粒½大匙、番紅花1小撮、水2大
匙、白酒醋½大匙、蛋黃2個、檸檬汁½大匙、鹽適量

Recipe 〈做法〉

1. 製作無鹽澄清奶油：將無鹽奶油放在小湯鍋中，以小火加熱融
   化，煮開後繼續保持沸騰幾秒，隨後撈除表面泡沫，離火置旁
   放涼，再以細濾網或紗布將奶狀沉澱物去掉，最後剩下的清澈
   液態油，即是無鹽澄清奶油。

2. 製作荷蘭醬：彩色胡椒圓粒以胡椒研磨罐磨碎或研缽搗碎，將
   胡椒碎、番紅花、水、白酒醋加入小湯鍋，以小火加熱約2分鐘
   至液體濃縮剩½量，再將汁液過濾倒入玻璃或不鏽鋼攪拌盆中
   放涼。

3. 取一湯鍋加水煮沸後小火保持沸騰，攪拌盆放上隔水加熱，加
   熱的溫度不可過高，沸水也不能直接接觸攪拌盆底，將蛋黃加
   入，以打蛋器持續攪拌約5分鐘至蛋黃顏色轉淡且呈蓬發狀、醬
   汁濃稠。溫度約保持手溫，不可過高以免蛋黃煮熟。

4. 取125g.已冷卻的無鹽澄清奶油加入醬汁中，一邊緩緩倒入，
   同時一邊持續攪拌打發，直到醬汁變得濃稠蓬鬆，再加入檸檬
   汁、鹽拌勻就完成了。

5. 切除蘆筍根部較硬或削去纖維較粗的部分後，煮沸一鍋開水加
   入少許鹽、橄欖油，蘆筍放入汆燙後取出，搭配溫熱的荷蘭醬
   即可大快朵頤。

Tips

● 蘆筍可先處理好，待荷蘭醬完成後立即汆燙，也可先汆燙起來備用。

● 荷蘭醬可趁溫熱時和料理好的食材搭配享用，若未立刻使用，可先隔水保溫，但仍須持續攪拌，同時也要避免溫度過高。

鄉村蔬菜湯

洋蔥、芹菜、胡蘿蔔是煮蔬菜高湯的主要食材，
利用空閒時多製作幾份蔬菜高湯冷凍保存，
解凍後加入料理中，就能快速增加鮮甜美味。
這道湯品示範了基本蔬菜高湯的做法，
也可以隨個人喜好加入自家廚房現有食材，
品嘗異國風鄉村蔬菜湯，一點都不難。

Ingredients〈材料〉4人份

洋蔥1顆、大蔥1根、芹菜2支、胡蘿蔔2根、櫛瓜1條、玉米筍80g.、青花椰80g.、橄欖油1大匙、月桂葉1片、綜合乾燥香草1小匙（新鮮1大匙）、水2,000ml、蕃茄糊（Tomato Paste）1大匙、鹽和黑胡椒適量

Recipe〈做法〉

1. 洋蔥切約2公分大丁；大蔥、芹菜斜切2公分段；胡蘿蔔削皮，縱切一分為四，再斜切2公分段；櫛瓜縱切後再切成大丁；玉米筍切斜段；青花椰切成2～3公分小朵備用。

2. 橄欖油倒入湯鍋中加熱，加入洋蔥丁、大蔥段，以中小火炒約3～4分鐘至香軟，再加入芹菜段、胡蘿蔔段、月桂葉、綜合乾燥香草、水，煮開後轉小火續煮20～30分鐘。

3. 取一半的蔬菜湯和湯料到另一湯鍋，以小火繼續熬煮30分鐘，過濾已軟爛的湯料，待湯汁冷卻後，即可放入冰箱冷凍或冷藏保存，做為蔬菜高湯使用。

4. 將蕃茄糊、櫛瓜丁、玉米筍段、青花椰加入另一半湯中，繼續煮約5分鐘或蔬菜都熟軟，加入鹽和黑胡椒調味即可享用。

Tips

如果不能食用洋蔥等較辛辣的食材，可改用蕃茄、玉米、香菇等味道較濃的蔬果取代，一樣可以熬煮蔬菜高湯。

Chunky Vegetable Soup

Tomato Cold Soup (Gazpacho)

西班牙蕃茄冷湯

對於多數人來說，湯不就是熱的？
但對於熱情的西班牙人而言，有什麼比在超過40度的烈日下，
餐前來碗冰涼微酸的蕃茄冷湯更消暑開胃！

Ingredients〈材料〉4人份

熟蕃茄750g.、中型青椒1個、白麵包1片、蒜仁1瓣、特級橄欖油30ml、雪莉酒醋30ml、罐頭蕃茄汁150ml、鹽和黑胡椒適量、冰開水100ml、冰塊適量

〈裝飾用材料〉

麵包片1片、橄欖油1大匙、小黃瓜1條、紅甜椒1個、洋蔥¼顆、白煮蛋1個

Recipe〈做法〉

1. 熟蕃茄外皮以小刀輕劃十字，放入滾水中燙約20～30秒後取出，以冷水沖涼剝去外皮，縱切一分為四；青椒去蒂去籽，稍切大塊；白麵包撕塊備用。

2. 青椒放入食物處理機或果汁機稍打，再加入蕃茄塊、蒜仁、白麵包、特級橄欖油、雪莉酒醋、罐頭蕃茄汁一起均勻打碎，然後加入適量鹽和黑胡椒調味，倒入玻璃或陶瓷容器，以保鮮膜包覆好，放入冰箱冷藏，冰鎮12小時入味。

3. 準備裝飾材料：麵包片先切丁，再將橄欖油倒入平底煎鍋加熱，加入麵包丁煎3～4分鐘或呈金黃色後，取出放於廚房紙巾上吸油；小黃瓜削皮、紅甜椒去蒂去籽，與洋蔥、白煮蛋一起切成約0.7公分的小丁，將所有材料放入小碟中備用。

4. 食用前將蕃茄冷湯從冰箱取出，加入適量冰開水調整湯的濃稠度，湯的口感要濃但不要過稠，也可以加入冰塊增加冰涼感，再撒上自己喜歡的裝飾料丁即可開動。

Tips

● 一般料理習慣將蕃茄的籽與外皮去除，但由於這道料理會將食材打成泥，加上蔬果的籽往往

● 熟度剛好的蕃茄適合拿來做沙拉或煎烤，而煮湯或做醬汁，當然要選熟透的。

● 保存酸性湯汁醬料時，要盡量避免使用金屬容器，因為酸會讓金屬釋出對人體不好的物質。

保有更多養分，所以此處只去除會影響口感的外皮。

Spinach, Orange and Potato Soup

菠菜香橙洋芋湯

菠菜的營養成分很高，
在湯裡加些柳橙皮與果汁，
不僅可減少草味，
也能增添湯的果香味。

Tips

●煮到熟軟的洋芋化在湯裡或直接打碎成泥，都可增加湯的濃稠度，

也可省去一般常見加入奶油麵糊的傳統做法。

Ingredients〈材料〉4人份

菠菜100g.、洋芋300g.、柳橙1個、蔬菜高湯450ml、鮮奶450ml、鹽和
黑胡椒適量、松子2大匙

Recipe〈做法〉

1. 菠菜洗淨切段，在滾水中汆燙至軟，取出瀝乾水分；洋芋削皮切塊備
   用；柳橙外皮刨末、果肉搾汁備用。
2. 將洋芋塊和蔬菜高湯（參考P.10）倒入湯鍋，煮約15～20分鐘或洋芋
   熟軟，待稍涼之後和菠菜段一起放入食物處理機中打成泥。
3. 將菠菜洋芋泥倒回湯鍋，加入鮮奶、柳橙皮末與果汁混合均勻，以小
   火仔細攪拌加熱，再以適量鹽和黑胡椒調味。
4. 松子先用平底鍋乾炒，或放入烤箱中烤至金黃，撒在湯上即可。

香草野菇湯

野菇濃湯可算是異國料理菜單上，
出現頻率頗高的湯品。
這裡用了大量的時菇和牛奶，
可以充分感受濃濃的野菇風味，口感濃稠不膩，
完全不用擔心喝進高熱量的奶油麵糊。

Tips

● 除了新鮮香菇，也可以使用其他香味較濃郁的菇類代替。

● 這個加鮮奶的配方，是比較清爽的口感，如果喜歡奶味濃郁，可用動物性鮮奶油取代鮮奶，或是將蔬菜高湯的份量換成鮮奶。

● 龍蒿（Tarragon）這個我們較陌生的香草，在法式料理中可是被廣泛使用，也可以用巴西里或百里香代替。

Ingredients〈材料〉4人份

洋蔥½顆、新鮮香菇6朵、裝飾用鴻禧菇和雪白菇適量、奶油2大匙、蔬菜高湯450ml、鮮奶450ml、乾燥龍蒿末（Tarragon）½大匙、鹽和黑胡椒適量、紅酒醋4大匙、裝飾用烤過核桃適量

Recipe〈做法〉

1. 洋蔥切成碎丁；新鮮香菇稍微清洗後也切丁狀；鴻禧菇和雪白菇也稍微清洗後入滾水汆燙，放一邊備用。

2. 奶油放入湯鍋中加熱融化，放入洋蔥碎以中小火拌炒4～5分鐘或至香軟，再加入香菇丁繼續拌炒約3分鐘。將蔬菜高湯（參考P.10）和鮮奶加入，煮開後轉小火續煮15分鐘，再將乾燥龍蒿末、鹽和黑胡椒加入調味。

3. 待湯稍微涼了以後，倒入食物處理機或果汁機中均勻打碎，再倒回湯鍋中，以中小火慢慢加熱，過程中須不時攪拌，以免濃湯黏鍋燒焦。

4. 最後拌入紅酒醋、撒上烤過的核桃及汆燙過的鴻禧菇和雪白菇裝飾，即可上桌。

南洋南瓜芋頭湯

南瓜和芋頭不論在台灣或東南亞都被廣泛使用，
調味方式可甜可鹹，吃法可煮可炸，
加上本身綿密又香甜的口感，
不論搭配椰奶還是辛香料，
都不會被搶走風頭，而且非常速配。

Ingredients 〈材料〉4～6人份

南瓜200g.、芋頭200g.、檸檬香茅2支、檸檬葉4片、南薑片4片、蔬菜高湯500ml、椰奶600ml、泰式紅咖哩2大匙、淡醬油1大匙

Recipe 〈做法〉

1. 南瓜、芋頭去皮，切約0.5公分厚片備用；檸檬香茅先去除較硬外殼及前端部分，再斜切段。

2. 檸檬葉、南薑片、蔬菜高湯（參考P.10）、½份量的椰奶、泰式紅咖哩、淡醬油都加入湯鍋，以中火煮開後再轉小火續煮5～10分鐘，讓香料和香草更充分釋放融合。

3. 將南瓜片、芋頭片和另一半椰奶加入湯中續煮，待南瓜、芋頭熟軟後即可熄火。因為南瓜比芋頭更易熟軟，煮的時候可先加入芋頭稍煮一些時間再加入南瓜，才不會讓南瓜因為煮過久而化掉。將湯盛碗後即可上桌開動。

Tips

- 芋頭削皮時，表面黏液會引起手癢，可先戴上手套再處理，若造成發癢，可用醋清洗，減緩症狀。

- 如果手邊沒那麼多南洋香料，可用1顆檸檬皮末取代檸檬香茅和檸檬葉、用一般薑片取代南薑片。

- 泰式咖哩有分黃、紅、綠三種，黃咖哩不辣，紅、綠咖哩則是因為添加了不同顏色的辣椒而得名，可依個人喜好選擇適合咖哩，或用常見的印度咖哩粉也可以。

pumpkin and taro soup

Tomato and Avocado Soup

墨西哥蕃茄酪梨湯

莎莎醬一向都是墨西哥餐桌上的要角，
而這道湯就像五顏六色的莎莎醬在水中跳舞，讓人忍不住食指大動，
快來滿足你的味蕾吧！

Ingredients 〈材料〉4〜6人份

洋蔥½顆、櫛瓜1條、芭蕉2條、酪梨½個、蒜仁1瓣、青辣椒1支、大牛蕃茄1個、熱開水1,000ml、月桂葉1片、乾燥奧勒崗葉末1小匙（新鮮1大匙）、小茴香粉¼小匙、玉米粒½杯、檸檬汁1大匙、鹽和黑胡椒適量、檸檬½個、芫荽葉末¼杯、玉米脆片適量

Recipe 〈做法〉

1. 洋蔥、櫛瓜、芭蕉、酪梨都切約1公分丁；蒜仁切末，青辣椒切片；大牛蕃茄汆燙後去皮（參考P.45做法1.），切丁備用。

2. 將洋蔥丁、櫛瓜丁、蒜末、青辣椒片、月桂葉、奧勒崗葉末、小茴香粉都加入熱開水中，煮開後轉小火續煮5分鐘。

3. 再將芭蕉丁、牛蕃茄丁、玉米粒、檸檬汁加入，繼續煮5分鐘，然後拌入酪梨丁，再以鹽和黑胡椒調味。

4. 準備配料：檸檬切角；芫荽葉末、玉米脆片另外裝小碟，食用前隨個人喜好加入湯內即可。

Tips

● 酸和辣是墨西哥料理的主要味道，墨西哥辣椒（Jalapeno Pepper）是當地常用的辣椒，這邊用較不辣的青辣椒代替，亦可隨個人喜歡的辣度，選擇不同的辣椒。

● 芭蕉、香蕉是常出現在熱帶國家料理的食材，芭蕉的形狀較小也較耐煮，若要用香蕉代替，可挑選口感偏生硬的。如果買到的芭蕉還很硬，可提前與洋蔥一起加進去煮。

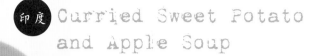

印度 Curried Sweet Potato
and Apple Soup

咖哩甜薯蘋果湯

由多樣食材與香料組合出
這道特殊風味的湯品，
其中使用到的地瓜、蘋果，
都是比較少出現在濃湯裡的食材，
不妨親自動手做做看。

Tips

● 這道湯品中的食材和香
料，都可以單獨使用或隨喜
好組合，例如可改成咖哩胡
蘿蔔湯或蘋果奶油湯。如果
只喜歡單純的蔬果味，也可
以不加咖哩粉，喜歡奶香，
則可改用鮮奶取代椰奶。

Ingredients〈材料〉4人份

　　洋蔥¼顆、胡蘿蔔200g.、地瓜200g.、蘋果1個、橄欖油1大匙、咖哩粉½大匙、水600ml、蘋
　　果汁120ml、椰奶120ml、鹽和黑胡椒適量

Recipe〈做法〉

1. 洋蔥切碎丁；胡蘿蔔、地瓜削皮切塊；蘋果削皮去核切塊，先泡鹽水備用，以防變色。

2. 橄欖油倒入湯鍋中加熱，先加入洋蔥丁略微拌炒，再加入咖哩粉，以中小火拌炒4～5分鐘
　　或洋蔥香軟。

3. 再將胡蘿蔔塊、地瓜塊、蘋果塊、水都加入，煮開後轉小火續煮20分鐘至蔬果都軟化即
　　可，稍微放涼後倒入食物處理機中打成泥。

4. 取蘋果汁拌入做法3.的蔬果泥，倒入湯鍋以小火仔細攪拌加熱約數分鐘，再加入椰奶，同
　　樣以小火攪拌加熱，最後以適量鹽和黑胡椒調味，盛入湯碗後趁熱享用。

白花椰核果奶油湯

白花椰與鮮奶結合出濃郁口感,讓這道湯喝起來更加滑順細密,
也可以用青花椰取代白花椰、蜜核桃取代杏仁,
讓這道奶油湯又有另一種不同風味。

Tips

🍂 紅椒粉的辛香及杏仁片的酥脆,都會增加湯的多層次風味,當然也可以改用自己喜歡的香料或麵包丁來增加口感。

Ingredients 〈材料〉4～6人份

中型白花椰1顆、洋蔥1顆、杏仁3大匙、蔬菜高湯450ml、鮮奶450ml、鹽和黑胡椒適量、紅椒粉適量、裝飾用杏仁片適量

Recipe 〈做法〉

1. 將白花椰除去葉子,分切小朵洗淨;洋蔥略切塊;杏仁烤過備用。

2. 白花椰、洋蔥和蔬菜高湯(參考P.10)放入湯鍋中,煮開後轉小火續煮15分鐘,讓蔬菜軟熟。

3. 將鮮奶加入做法2.的蔬菜湯中,待湯稍涼後,再與烤過的杏仁一起放入食物處理機或果汁機中打成泥。

4. 將攪打均勻的湯泥倒回湯鍋,以小火加熱,過程中要不時攪拌,避免黏鍋燒焦,當濃湯開始沸騰冒泡,即可用鹽和黑胡椒調味。盛入湯盤後撒上一點紅椒粉與杏仁片就可以享用。

Tips

少量製作青醬時，也可用
研磨缽代替食物處理機，將
蒜仁、松子、巴西里葉末、
九層塔葉末加入缽中搗碎，
然後和帕瑪森起司粉混合，
最後拌入橄欖油即可。

義大利 Common Yam
and Pasta Shells Soup
with Pesto

山藥青醬義麵湯

在製作大家熟悉的羅勒青醬時，
加入一些巴西里葉（洋香菜葉），
可增加青醬的鮮綠色澤。
但這道湯品的青醬就是以巴西里為主角，
所以搭配少量的羅勒葉，反而更能襯托它的風味。

Ingredients〈材料〉4人份

洋蔥½顆、山藥450g.、奶油2大匙、蔬菜高湯600ml、鮮奶600ml、貝殼義大利麵100g.、動物性鮮奶油150ml、鹽和黑胡椒適量、現磨帕瑪森起司粉適量

Dressing〈青醬〉

蒜仁2瓣、松子60g.、新鮮巴西里葉末60g.、九層塔葉末2大匙、現磨帕瑪森起司粉60g.、橄欖油180ml

Recipe〈做法〉

1. 製作青醬：將蒜仁和松子先加入食物處理機中打碎，再將巴西里葉末、九層塔葉末、現磨帕瑪森起司粉加入，繼續攪打時，將橄欖油從槽口淋入，所有材料攪打均勻即可。
2. 洋蔥切末；山藥去皮，切約2公分塊狀備用。
3. 奶油放入湯鍋中加熱融化，先將洋蔥末以中小火拌炒4～5分鐘至香軟，再將山藥塊加入稍微拌炒。
4. 加入蔬菜高湯（參考P.10）、鮮奶，煮開後續煮10分鐘，將貝殼義大利麵加入再續煮10分鐘左右，然後加入動物性鮮奶油加熱5分鐘。
5. 最後加入鹽和黑胡椒調味，再拌入2大匙青醬，將湯盛碗後，撒上現磨帕瑪森起司粉搭配食用。

俄羅斯 Beets Borsch

甜菜根羅宋湯

雖然少了傳統羅宋湯的牛肉丁，
但紅紅的甜菜根不僅帶來了鮮艷的色彩，也帶來滿滿的元氣能量。

redients〈材料〉3～4人份

甜菜根200g.、胡蘿蔔½根、洋芋1個、
牛蕃茄2個、洋蔥¼顆、芹菜1支、
雞豆50g.、橄欖油½大匙、蔬菜高湯
900ml、月桂葉2片、蕃茄糊2大匙、鹽
和黑胡椒適量

Recipe〈做法〉

1. 甜菜根、胡蘿蔔、洋芋、牛蕃茄去
   皮，切1.5公分塊狀；洋蔥、芹菜切
   成約1.5公分塊狀；雞豆前一天先泡
   水備用。

2. 橄欖油倒入鍋中加熱，先放洋蔥塊
   炒香，再加入所有蔬菜塊稍微拌
   炒。

3. 加入蔬菜高湯（參考P.10）、雞
   豆、月桂葉、蕃茄糊燉煮30分鐘或
   所有蔬菜熟軟，最後以適量的鹽和
   黑胡椒調味，趁熱享用。

Part 2 在地食材做出美味的異國風主菜
Main Course

Mixed Vegetable
with Yogurt Curry(Avial)

南印優格時蔬

來自印度南部的這道蔬食，
有著味道豐富的醬汁，
是配飯搭麵的絕佳良伴。
辣椒在椰奶、優格的調和下，
反而讓辣味變得更溫順可口。

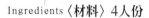

Ingredients〈材料〉4人份

豆薯200g.、胡蘿蔔200g.、長豆200g.、薑5公分、青辣椒3支、椰奶225m1、蔬菜高湯225m、薑黃粉½小匙、椰絲50g.、小茴香粉1小匙、優格400m1、鹽適量

Recipe〈做法〉

1. 豆薯、胡蘿蔔清洗削皮，切5公分長棒狀；長豆切5公分長段；薑去皮切片；青辣椒去籽備用。

2. 將椰奶、蔬菜高湯（參考P.10）放入鍋中煮開，加入薑黃粉、胡蘿蔔，轉小火續煮5分鐘，再加入豆薯、長豆再煮5分鐘，或至所有蔬菜幾乎熟軟。

3. 再將椰絲、薑片、青辣椒放入食物處理機攪打或以研缽搗成泥，過程中可酌加些許開水。將打好的泥、小茴香粉加入蔬菜鍋中繼續煮2分鐘，然後拌入優格到煮開，最後加入適量鹽調味即可。

烤蔬果串佐香橙蕃茄醬

烤蔬果串的食材適合選擇易熟或即使生食也可以的，切成類似大小厚度會讓食材烤熟時間接近，若選擇不易熟的根莖類，可先稍微煮過或炸過至5、6分熟後再燒烤。

Ingredients〈材料〉4人份

牛蕃茄1個、櫛瓜1條、蘑菇4朵、紫高麗⅛個、小黃甜椒4個、
綠辣椒4支、玉米筍4支、九層塔葉8片

Dressing〈香橙蕃茄醬〉

柳橙汁250ml、大紅辣椒1支、蒜仁2瓣、洋蔥
¼顆、柳橙皮½個份量、蕃茄泥2大匙、蕃茄醬
50ml、白酒醋2大匙、橄欖油2大匙、醬油1½大
匙、蜂蜜2大匙、薑2公分、鹽適量、勾芡材料
（太白粉或玉米粉½小匙、白酒醋1大匙）

Recipe〈做法〉

1. 製作香橙蕃茄醬：將柳橙汁倒入小鍋中加
   熱，沸騰後轉小火續煮至橙汁濃縮剩½量；辣
   椒去籽後和蒜仁、洋蔥切末，再和其他材料
   （勾芡材料除外）一起加入鍋中，繼續熬煮
   15～20分鐘，讓醬汁變得更濃稠。若醬汁仍
   太稀，可將勾芡材料拌勻，適量加入，完成
   後倒入燙過殺菌的玻璃罐中加蓋，冷卻後移
   入冰箱冷藏可保存數月。

2. 處理蔬果：牛蕃茄切4等份；櫛瓜用叉子將外
   皮刮出紋路，以便沾附醬汁，切成4段；蘑菇
   略清洗，切去菇梗的尾端，拭乾水分；紫高
   麗分切成4等份備用。小黃甜椒、綠辣椒、玉
   米筍、九層塔葉洗淨擦乾水分即可，小黃甜
   椒與綠辣椒也可對剖去籽。

3. 最後組合蔬果串，將香橙蕃茄醬塗刷在蔬果
   串上，置於炭火網架上烤熟即可，也可放入
   烤箱以200℃烤熟。

Water Bamboo
in Saffron Stew

地中海

番紅花燉茭白筍

茭白筍又稱為美人腿，
水分豐富、味道鮮美，是餐桌上常見食材，
搭配有世界上最昂貴香料之稱的番紅花後，
讓茭白筍更添了一層好吃的顏色。

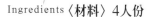

Ingredients〈材料〉4人份

茭白筍8支、杏鮑菇4支、麵包片50g.、橄欖油2大匙、生杏仁片50g.、肉桂粉½小匙、番紅花1小撮、蒜仁2瓣、新鮮巴西里葉末2大匙、白酒100ml、蔬菜高湯300ml、黑橄欖8顆、月桂葉1片、百里香2束、檸檬汁2大匙、蛋黃2個、鹽適量

Recipe〈做法〉

1. 茭白筍剝去外殼，切成2～3段；杏鮑菇若太大可斜對切；麵包片切粗丁備用。

2. 將1大匙橄欖油放入鍋中加熱，放入麵包丁、生杏仁片，以小火炒到金黃，取出放在紙巾上吸油，待涼後和肉桂粉、番紅花、蒜仁、1大匙的巴西里葉末一起加入食物處理機中打碎均勻備用。

3. 另1大匙的橄欖油倒入湯鍋中加熱，放入茭白筍、杏鮑菇，煎至表面有些微焦，再將白酒、蔬菜高湯（參考P.10）、黑橄欖、月桂葉、百里香加入煮開後，轉小火燜15～20分鐘。

4. 蔬菜料和香草料先從鍋中取出，再將做法2.的麵包、杏仁碎加入鍋中煮約1分鐘，湯鍋離火拌入檸檬汁、蛋黃，最後將茭白筍、杏鮑菇、黑橄欖等蔬菜料倒回鍋中，拌煮至醬汁稍濃稠，再以鹽調味即可。

Coconut Cauliflower 歐洲 and Broccoli with Pumpkin Topping

椰奶焗花椰

色香味俱全的這道料理，用金黃色的南瓜泥鋪滿白綠花椰，
光看顏色就讓人食指大動，再聞到咖哩的香氣，肯定會食慾大開。

Tips

● Topping 一般指的是鋪撒在料理最上層的裝飾材料。

● 白醬做法可參考 P.66「奶油芥末杏鮑菇焗鮮筍」。

Ingredients 〈材料〉4人份

青花椰1顆、白花椰1顆、洋蔥¼顆、蒜仁
1瓣、橄欖油2大匙、咖哩粉1大匙、蔬菜
高湯100ml、椰奶100ml、白醬150ml、披
薩起司絲適量

〈Topping南瓜泥〉

南瓜600g.、雞蛋1個、鹽和黑胡椒適量

Recipe 〈做法〉

1. 青、白花椰清洗後分切約3〜4公分小
   朵，放入滾鹽水中氽燙15秒，取出放
   涼；洋蔥切丁、蒜仁切末備用。

2. 製作Topping南瓜泥：南瓜去皮去籽，
   放入滾鹽水中煮軟，取出瀝乾水分壓成
   泥；將雞蛋打散，加入南瓜泥中攪拌均
   勻，以適量鹽和黑胡椒調味備用。

3. 橄欖油加入鍋中加熱，先放洋蔥丁、蒜
   末，以小火拌炒1分鐘至香軟，再將咖
   哩粉加入拌炒1分鐘，接著倒入蔬菜高
   湯（參考P.10）、椰奶、白醬煮開，最
   後加入青、白花椰菜混合均勻。

4. 將奶醬花椰倒入烤盅，表面撒些披薩起
   司絲，南瓜泥裝入擠花袋擠在起司絲
   上，將容器表面鋪滿，送入預熱180℃
   烤箱烤約20分鐘或表面微呈焦黃即可。

炸時蔬佐香草胡椒鹽

本來就跟胡椒鹽很對味的炸物，因為多加香草進去，又有了另一種不同滋味，
平常的簡單料理，也能藉著新鮮佐料變得很不一樣。
試著做一罐香草胡椒鹽，放在餐桌上備用吧！

Ingredients〈材料〉2人份
長條茄子1條、南瓜200g.、大杏鮑菇2支、糯米青辣椒8支、沙拉油適量

〈麵糊〉
雞蛋1個、冰水30ml、低筋麵粉65g.、泡打粉½小匙

〈香草胡椒鹽〉
材料A. 迷迭香12段（每段約10公分）、九層塔葉4～6片、檸檬皮1個份
量、香蒜粉20g.、鹽80g.
材料B. 細砂糖20g.、白胡椒粉80g.、黑胡椒粉20g.

Recipe〈做法〉

1. 製作香草胡椒鹽：新鮮香草清洗、擦乾水分、摘除枝梗；檸檬皮刨
   屑；將材料A的所有食材加入食物處理機中打碎，即完成初步的香草
   風味鹽。

2. 接著將香草風味鹽與材料B中的細砂糖放入炒鍋中，以微火乾炒1分
   半鐘，再將白胡椒粉、黑胡椒粉加入，繼續拌炒半分鐘，即完成香草
   胡椒鹽。裝入玻璃罐中保存。

3. 茄子切段，浸泡鹽水30分鐘；南瓜削皮，切0.5公分厚片；杏鮑菇也
   縱切約0.5公分寬長條；糯米青辣椒洗淨，擦乾水分備用。

4. 將油倒入寬口鍋中，中火加熱至油溫180℃；取出茄子瀝乾水分。
   蛋、冰水、低筋麵粉和泡打粉調勻成麵糊，將蔬菜分批沾裹麵糊，放
   入鍋中炸1～2分鐘，至麵衣呈金黃色即可取出瀝掉多餘油分，沾香草
   胡椒鹽就可以食用。

Tips

● 乾炒粉狀的香料或香草時，一定要以微火拌炒，以免燒焦。可依個人喜好選擇搭配不同的香料與香草。

● 若以新鮮香草製作的香草胡椒鹽會較潮濕，最好少量製作並且當次用完，改以乾燥的香草末，則適合長時間保存。

Deep fried vegetable with Herb flavoured salty Pepper

Stuffed Eggplant with Cheese Nut Topping(Imam Bayildi)

Stuffed Eggplant
with Cheese Nut Topping(Imam Bayildi)

地中海

烤茄子佐起司核果

這道烤茄子料理在阿拉伯世界非常經典，
據說它的名字「Imam Bayildi」意思就是「昏倒的IMAM」。
IMAM是舊時的一位修士，當他吃到這道無敵烤茄子的時候，
居然因為太美味而開心地昏了過去。

Ingredients 〈材料〉2人份

長橢圓形茄子1個、橄欖油2大匙、大顆洋蔥1顆、青椒½個、罐頭蕃茄200g.、
蒜仁1瓣、細砂糖1½大匙、芫荽粉½大匙、新鮮芫荽葉末1匙、鹽和黑胡椒適
量、裝飾用新鮮芫荽葉1束

〈Topping 起司核果〉

全麥麵包碎45g.、核果1大匙、新鮮巴西里葉末½大匙、帕瑪森起司
(Parmesan Cheese) 60g.

Recipe 〈做法〉

1. 茄子縱向對切半，以小刀在切面的茄肉上劃些格狀紋，取1小撮鹽撒在茄肉
   上，靜置30分鐘等茄子滲出澀汁，再以清水沖洗茄子、濾乾水分。

2. 製作Topping起司核果：將全麥麵包碎放入烤箱烤乾硬後取出，和其他所有
   Topping材料放於食物處理機中打碎、混合均勻即可。

3. 橄欖油倒入鍋中加熱，將茄肉切面朝下放入鍋中，煎約5分鐘或茄肉微焦
   黃，取出用湯匙挖出茄肉，茄子外皮保留至少約1公分厚的茄肉相連當作容
   器，取下的茄肉切丁備用。

4. 洋蔥、青椒、罐頭蕃茄切丁；蒜仁切末。洋蔥丁、青椒丁、蒜末放入剛煎
   完茄子的油鍋內，以中小火拌炒10分鐘。再將蕃茄丁、細砂糖、芫荽粉和
   取下的茄肉加入繼續煮5分鐘，然後拌入新鮮芫荽葉末、鹽和黑胡椒調味。

5. 最後將挖空的茄子排在烤盤上，填入炒好的做法4.，再將Topping鋪在內餡
   上，送進預熱180℃的烤箱烤約30分鐘，或Topping表面呈金黃色即可，取
   出後用新鮮芫荽葉裝飾即可趁熱享用。

Tips

● 製作「Topping」時，可以用現成麵包粉取代自製麵包屑。若喜歡搭配醬汁的濕潤口感，

● 可在烤盅容器中加入蕃茄醬汁，醬汁做法請參考P.38「香菇鑲菠菜起司」做法4.。

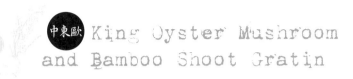

奶油芥末杏鮑菇焗鮮筍

這道料理結合了鮮筍的清脆、杏鮑菇的口感,與濃郁的白醬非常速配,
再加上令人無法抵抗的焗烤起司,光看照片就令人口水直流!

Ingredients 〈材料〉2人份

中型帶殼鮮筍1支、大杏鮑菇1支或中型2支、橄欖油少許、洋蔥末2大匙、蒜末1小匙、百里香葉末1小匙、白酒1大匙、蔬菜高湯1杯、白醬4大匙、法式芥末醬1大匙、鹽和黑胡椒適量、披薩起司絲適量、裝飾用新鮮百里香數支

Dressing 〈白醬〉

奶油40g.、低筋麵粉40g.、鮮奶225ml、鮮奶油225g.、鹽½小匙

Recipe 〈做法〉

1. 製作白醬:奶油先放入鍋中加熱融化,再將低筋麵粉加入拌炒成糊狀,然後分次將鮮奶和鮮奶油慢慢加入拌勻,過程中以中小火加熱,不停攪拌以免黏鍋,煮至白醬開始冒泡即可離火,最後加入鹽調味。

2. 帶殼鮮筍直接放入冷水的鍋中加熱,沸騰後繼續以小火煮約15～20分鐘至鮮筍煮熟,取出放涼,保留外殼縱切對半,用湯匙將筍肉挖出再切約2～3公分塊;杏鮑菇也切相同大小備用。

3. 加少許橄欖油到鍋中加熱,再以小火將洋蔥末、蒜末炒香,先加入杏鮑菇塊、百里香葉末,淋上白酒拌炒2～3分鐘,再將鮮筍塊加入稍微拌炒,然後將蔬菜高湯(參考P.10)、白醬、法式芥末醬加入拌炒均勻,最後用鹽和黑胡椒調味即可。

4. 將鮮筍塊與杏鮑菇塊平均分到兩個挖空的筍殼中,鋪上披薩起司絲,放入預熱200℃的烤箱烤約10～15分鐘,或至起司金黃微焦,取出後放上百里香裝飾就可以趁熱開動。

King Oyster Mushroom and Bamboo Shoot Gratin

歐洲 Autumn Orange
Vegetable Stew

秋光橙香燉菜

秋天是大地豐收的季節，
將屬於這個時期收穫的根莖果實放在一鍋，
用柳橙果香慢慢燉出好味道。

Tips

● 虎豆因為靠近胚芽處帶有不規則斑紋而得名，富含維生素跟微量元素，是營養價值很高的食材。
● 珍珠洋蔥和櫻桃白蘿蔔如果不好買，也可以用一般洋蔥、白蘿蔔代替。

Ingredients〈材料〉4人份

胡蘿蔔400g．、白花椰200g．、珍珠洋蔥150g．、櫻桃白蘿蔔400g．、玉米筍200g．、奶油45g．、橄欖油1大匙、麵粉2大匙、蔬菜高湯300ml、柳橙汁150ml、動物性鮮奶油300ml、檸檬皮末1小匙、柳橙皮末2小匙、虎豆（福豆）150g．、鹽適量

Recipe〈做法〉

1. 胡蘿蔔削皮，切5公分長棒狀；白花椰清洗後分切小朵，珍珠洋蔥切去頭尾、剝去外皮；櫻桃白蘿蔔切去蒂根、對剖；玉米筍洗淨，切斜段備用。
2. 奶油、橄欖油放入湯鍋中，以中小火加熱融化，將珍珠洋蔥放入，煎至外皮金黃微焦，再加入胡蘿蔔與櫻桃白蘿蔔稍拌炒，將麵粉撒在蔬菜上攪拌均勻。
3. 將蔬菜高湯（參考P.10）、柳橙汁、動物性鮮奶油、檸檬與柳橙皮末一起加入煮開，再轉以小火燉約15分鐘或蔬菜稍軟。
4. 最後將白花椰、玉米筍、虎豆加入續煮5分鐘或至所有蔬菜熟軟，以適量鹽調味即可。

冬暖蜜南瓜甜薯

南瓜與地瓜果肉金黃飽滿，雖然外表樸實，
卻是營養相當豐富的食材，
搭上甜甜的蜂蜜與特有的綿密口感更是絕配，
是一道適合用來暖胃的主菜。

Tips

● 此處以拌炒的方式烹
調，所以吃起來較為乾
爽，若喜歡濕潤口感，可
加1杯高湯或水，改用燉
煮方式料理。添加的辛香
料與香草，都可依個人喜
好增減或替換。

redients〈材料〉4人份

南瓜300g.、地瓜300g.、核果（杏
仁、核桃或南瓜籽）2大匙、奶油
45g.、蜂蜜3大匙、薑粉½小匙、肉桂
粉½小匙、新鮮百里香葉末1小匙、鹽
和黑胡椒適量、裝飾用新鮮百里香束
適量

Recipe〈做法〉

1. 南瓜削皮去籽，和地瓜都切約2公
   分塊狀；核果可用杏仁、核桃或南
   瓜籽，若是生的核果，可先放烤箱
   烤熟備用。

2. 將奶油、蜂蜜放入不易沾黏的鍋中
   加熱融化，放入南瓜塊、地瓜塊、
   薑粉、肉桂粉和百里香葉末，以中
   火拌炒約8分鐘或至瓜果熟軟，加
   適量鹽和黑胡椒調味，若過程中太
   黏稠，可斟酌加些熱水拌煮。

3. 將南瓜、地瓜盛盤，撒上核果、擺
   上百里香葉裝飾即可。

雙茄洋芋泥烤菜

洋芋泥與起司原本就很搭，這邊再鋪上香煎過的茄子片，
撒上香草葉末一起烤，馬上成了一道很適合用來招待客人的主餐。

Ingredients〈材料〉8人份

洋蔥2顆、蒜仁2瓣、大型橢圓茄子2個（1個約300g.）、橄欖油4大匙、罐頭蕃茄丁
400g.、莫扎瑞拉起司（Mozzarella Cheese）175g.、新鮮巴西里葉末3大匙、新鮮百里
香葉末½大匙、鹽和黑胡椒適量、帕瑪森起司粉（Parmesan Powder）6大匙

〈洋芋泥〉

洋芋900g.、鮮奶150ml、新鮮蒔蘿或巴西里葉末1大匙、鹽和黑胡椒適量

Recipe〈做法〉

1. 洋蔥切小丁、蒜仁切末；橢圓茄子橫切約1公分圓片，泡鹽水備用。

2. 2大匙橄欖油加入鍋中加熱，先將洋蔥丁加入，以中小火拌炒4～5分鐘或至香軟，再將
   蒜末加入繼續拌炒約1分鐘，取出備用。

3. 將剩下的2大匙橄欖油再加入鍋中加熱，分批將茄子片放入，煎到雙面焦黃，取出放另
   一盤備用。

4. 製作洋芋泥：洋芋削皮放入鹽水中煮約20分鐘或至熟軟，取出瀝乾水分壓碎成泥，再
   將鮮奶倒入洋芋泥中拌勻，然後加入香草末、適量的鹽和黑胡椒調味。

5. 將洋芋泥放入烤盅，以湯匙在中央挖出凹槽（呈「井」狀），依序鋪上洋蔥丁、蕃茄
   丁、莫扎瑞拉起司，再撒上巴西里葉末、百里香葉末、鹽和黑胡椒，接著鋪上一層茄
   片，再撒上巴西里葉末、百里香葉末、鹽和黑胡椒適量，按此順序重複鋪上，最上層
   鋪上茄子片，最後再撒上帕瑪森起司粉。

6. 放入預熱200℃的烤箱，烤約20分鐘或至表面起司金黃、茄子片熟軟後即可出爐。

Asparagus 法國
and Potato Gratin

蘆筍洋芋烤菜

卡門貝爾起司是有名的白黴起司之一，
特有的濃厚口感與濃郁氣味，
會隨著乳酪熟成而逐漸增加。
除了焗烤入菜，
也很適合搭配紅酒或水果一起享用。

Ingredients〈材料〉2人份

中型洋芋2～3個、蘆筍6～8支、蒜仁1瓣、鴻禧菇½杯、橄欖油1大匙、新鮮鼠尾草葉末½大匙、動物性鮮奶油300ml、卡門貝爾起司（Camembert Cheese）100g.、鹽和黑胡椒適量、裝飾用鼠尾草葉適量

Recipe〈做法〉

1. 洋芋削皮切約0.5公分片狀，放入加鹽的滾水中煮約10分鐘或洋芋熟軟，取出瀝乾備用；蘆筍需先切除較老的根部或削去粗硬外皮，切約4～5公分長段，放入滾水中汆燙10～15秒後取出瀝乾備用；蒜仁切片、鴻禧菇快速沖水瀝乾備用。

2. 橄欖油倒入鍋中加熱，先爆香蒜片，再放入蘆筍段、鴻禧菇拌炒約1分鐘，最後再加入洋芋片、鼠尾草葉末繼續拌炒約3分鐘。

3. 再加入鮮奶油拌勻，撒上適量鹽和黑胡椒調味，拌勻後倒入烤盅，表面鋪上卡門貝爾起司片，放入預熱180℃的烤箱烤約20分鐘或表面金黃即可，上桌前再用鼠尾草葉裝飾。

Soya Bean Milk Red Curry with Vegetable Stew

紅咖哩豆漿燉蔬菜

紅咖哩的辛辣與濃郁感比較重,是偏好重口味的好選擇,加豆漿就能簡單調出溫和的味道,短時間即可完成這道像是大廚煮出來的好菜。

redients 〈材料〉4人份

長條茄子2條、小黃甜椒8個、秋葵200g.、小黃瓜2條、洋蔥½顆、蒜仁2瓣、炸油適量、橄欖油2大匙、無糖豆漿450ml、泰式紅咖哩2大匙、新鮮芫荽1小把、鹽適量

Recipe 〈做法〉

1. 長條茄子切成約2公分塊狀,泡鹽水30分鐘;小黃甜椒對切後去蒂去籽、切塊;秋葵切除蒂梗;小黃瓜切約1公分厚的圓片;洋蔥切丁、蒜仁切末備用。

2. 炸油倒入鍋中加熱至180℃(或將麵包丁放入油鍋中,若在30秒內呈金黃色代表油溫已到),茄子瀝乾水分,分批放入油鍋炸約1分鐘或稍微焦脆即可,取出後瀝油,再放到紙巾上吸油。

3. 另取一鍋將橄欖油倒入加熱,放入洋蔥丁、蒜末,以中小火拌炒1分鐘至香軟,再將黃甜椒塊、秋葵、小黃瓜片加入拌炒2～3分鐘。

4. 將無糖豆漿、泰式紅咖哩加入煮開,最後加入炸過的茄子、新鮮芫荽續煮2～3分鐘,再以適量鹽調味即可上桌。

奶油蕃茄燉豆鍋

燉豆在歐美算是很家常的一種料理。
這邊用了蕃茄的酸甜調味，
讓整道菜吃起來不會太膩，
與爽口的洋芋一起焗烤之後，
是道口感豐富的菜餚。

Ingredients〈材料〉4人份

洋芋300g.、橄欖油1大匙、罐頭奶油豆300g.、長豆100g.、洋蔥100g.、蘑菇100g.、奶油2大匙、麵粉20g.、罐頭蕃茄丁225ml、蕃茄糊1大匙、蔬菜高湯120ml、動物性鮮奶油120ml、新鮮百里香葉末1大匙

Recipe〈做法〉

1. 洋芋洗淨外皮，連皮橫切約0.3公分薄的圓片，放入滾鹽水中煮約3分鐘後取出瀝乾水分，將橄欖油淋在洋芋片上，混合均勻後放一邊備用。

2. 罐頭奶油豆以滾水稍微汆燙去味，若使用乾豆，則需先泡水一晚後加水煮熟、取出瀝乾；長豆斜切2～3公分段、洋蔥切2～3公分塊狀；蘑菇沖洗菇梗、切除尾端備用。

3. 奶油放入鍋中，以中火加熱融化，先加入麵粉炒成奶油糊，再加入罐頭蕃茄丁、蕃茄糊、蔬菜高湯（參考P.10）、動物性鮮奶油拌勻，最後再將豆子、長豆段、洋蔥塊、蘑菇、百里香葉末加入，全部拌勻。

4. 將鍋中食材倒入烤盅，取洋芋片排列鋪滿食材上方，蓋上錫箔紙密封後，移入預熱200℃的烤箱中烤約1小時，剩下最後20分鐘時將錫箔紙取下，讓洋芋片烤至微微焦黃即可。

Tomato, Olive and Hericium Stew

蕃茄橄欖燉猴頭菇

猴頭菇是一種珍貴的菌類，因為帶有特殊的口感，所以很適合拿來燉煮。
這邊用蕃茄與橄欖一同燜煮，吃進嘴裡會讓你驚訝原來燉鍋料理也可以這麼清爽可口。

Ingredients 〈材料〉4人份

乾猴頭菇100g.、洋芋200g.、洋蔥½顆、牛蕃茄4個、橄欖油1大匙、小茴香粉½小匙、紅椒粉½小匙、薑黃粉¼小匙、蘋果原汁90ml、白醋2大匙、細砂糖2大匙、鹽和黑胡椒適量、黑、綠橄欖共12顆、新鮮芫荽葉末½大匙、裝飾用芫荽葉適量

Recipe 〈做法〉

1. 乾猴頭菇泡水3小時或一晚以上，確認完全泡軟後，放入滾水中煮20～30分鐘後撈出；洋芋削皮切滾刀塊，另起一鍋煮滾鹽水，放入煮15分鐘後取出；洋蔥切碎、牛蕃茄去皮去籽，果肉切碎備用。

2. 橄欖油放入鍋中加熱，將洋蔥碎、小茴香粉、紅椒粉、薑黃粉加入，以中小火炒至洋蔥香軟，再加入蕃茄碎繼續拌炒約5分鐘至蕃茄糊化，接著加入蘋果原汁、白醋、細砂糖煮開，再以適量鹽和黑胡椒調味。

3. 將猴頭菇、洋芋塊、黑和綠橄欖、新鮮芫荽葉末加入，混合均勻後蓋上鍋蓋，以中小火燜煮15～20分鐘或至猴頭菇入味，最後擺上新鮮芫荽葉裝飾即可享用。

摩洛哥時蔬塔吉鍋

塔吉鍋是一種源自於北非的傳統鍋具，最大特徵是不需加水就可以蒸煮出食材原始的味道，也因為這樣，所以不用擔心料理過程中營養會跟著流失。

Ingredients〈材料〉4人份

洋蔥1顆、牛蕃茄4個、胡蘿蔔1根、中型杏鮑菇8支、櫛瓜2條、醃檸檬1個、橄欖油2大匙、芫荽粉1小匙、小荳蔻粉1小匙、薑黃粉½小匙、白酒90ml、鹽和黑胡椒適量、芫荽葉末2大匙

〈醃檸檬〉

黃色檸檬10～12顆（未上蠟）、粗海鹽165g.、黑胡椒圓粒½小匙、月桂葉2片、檸檬汁60ml、熱開水適量、防油烤焙紙一張

Recipe〈做法〉

1. 製作醃檸檬：準備一個約2,000ml（2公升）的玻璃密封罐，以滾開水燙過殺菌、烘乾。檸檬外皮清洗乾淨，從屁股往蒂頭方向縱切4等份，但蒂頭部分保持相連不切斷，再將檸檬4瓣分開、塞入海鹽，將所有塞滿海鹽的檸檬開口朝上放進玻璃罐。

2. 放入黑胡椒圓粒、月桂葉，淋上檸檬汁，倒入熱開水淹過所有檸檬，取一張防油烤焙紙鋪在最上方，壓重物讓檸檬都浸於醃汁中，蓋上瓶蓋密封放於陰涼處儲放1～4個月再使用。

3. 洋蔥切碎、牛蕃茄去皮去籽切碎；胡蘿蔔削皮，橫切約1公分厚圓片；杏鮑菇縱切4等份；櫛瓜縱切4等份，挖除中間籽，再切5～6公分長段；醃檸檬除去果肉、白膜，只留外皮，將外皮沖洗後切碎備用。

4. 橄欖油放入鍋中加熱，將洋蔥碎、芫荽粉、小荳蔻粉、薑黃粉加入，以中小火炒至洋蔥香軟，再加入蕃茄碎繼續拌炒約5分鐘至蕃茄糊化，接著加入白酒煮開，再以適量鹽和黑胡椒調味，最後將醃檸檬碎加入拌勻。

5. 取塔吉鍋，將胡蘿蔔片鋪排在鍋底，再淋上一半的做法4.，接著排放杏鮑菇和櫛瓜，然後淋上剩餘的做法4.，最後撒上芫荽葉末，蓋上塔吉鍋蓋，以中小火燜煮約15～20分鐘即可。

Tips

● 使用醃檸檬時，一般會除去果肉與白膜，只保留外皮部分，將檸檬皮沖洗後即可用於料理，剩下的醃漬汁可保留下次再度使用。

● 醃檸檬開封後需取出防油烤焙紙，表面若有白色泡沫也要除去，再移入冰箱冷藏保存。

Mixed Vegetable Tagine

Souffle Omelette with Avocado Yogurt Sauce

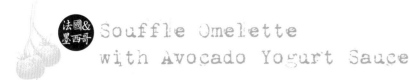

舒芙蕾蛋餅佐酪梨優格醬

這道蛋餅利用打發蛋白做出蓬鬆又軟嫩的口感,搭配酪梨優格醬後更多了一層風味,好吃不膩的舒芙蕾蛋餅,絕對是自製早午餐的好選擇,不妨動手嘗試看看。

Ingredients〈材料〉1人份

雞蛋2個、冷開水30ml、新鮮芫荽葉1大匙、鹽和黑胡椒適量、橄欖油½大匙、披薩起司絲25g.

Dressing〈酪梨優格醬〉

大顆成熟酪梨½個、優格(或軟質酸奶、起司)50g.、檸檬汁½個份量

Recipe〈做法〉

1. 製作酪梨優格醬:酪梨對切取出果核、挖出果肉,和優格、檸檬汁一起倒入食物處理機攪打均勻,取出後放入冰箱冷藏備用。

2. 將蛋白、蛋黃分開,先取蛋黃和30ml冷開水、1大匙的新鮮芫荽葉末、適量鹽和黑胡椒攪拌均勻。

3. 再將蛋白打發至光澤蓬鬆的濕性發泡程度,然後輕柔地將打發蛋白和蛋黃拌勻成蛋糊。

4. ½大匙的橄欖油加入平底煎鍋加熱,將蛋糊倒入鍋中,以中小火慢慢煎,過程中不要攪拌直到蛋餅定型,以抹刀或鍋鏟將蛋餅一角掀起,確認底部已金黃上色。

5. 先不要起鍋,取適量酪梨優格醬和披薩起司絲抹在蛋餅半側,再將蛋餅對摺,稍微加熱1～2分鐘讓起司融化後,移至盤上趁熱食用。

Tips

● 蛋白的打發程度一般可分乾性與濕性發泡,若乾性發泡是指十分發(即打發蛋白尾端可直挺挺站立),濕性發泡即是七分發(即打發蛋白尾端會稍下彎成反勾狀)。

● 若不喜歡蛋餅表面沒煎金黃、口感太生或蛋味太重,可將蛋餅移至烤箱中,將表面烤到金黃,再夾入酪梨優格醬。

中東歐 Red Cabbage
and Apple Casserole

紫高麗蘋果鍋

紫高麗含有豐富的花青素、維生素C和纖維質,
抗氧化效果很好,
是可以用來維持身體機能、
保持良好體態的蔬果之一。
耐煮的紫高麗搭配蘋果一同烤過,
更能吃出特有的清新香甜滋味。

Tips

● 這道紫高麗蘋果鍋
當然也可以放在爐火
上,以小火慢燉。

Ingredients〈材料〉4人份

紫高麗500g.、紅洋蔥2顆、香芹籽（caraway）1大匙、大蘋果2個、原味優格
200ml、紅酒醋1小匙、伍斯特辣醬油1小匙、鹽和黑胡椒適量

Recipe〈做法〉

1. 紫高麗切除中間白梗,和紅洋蔥都切成約1公分粗絲,連同香芹籽一起放在大
   碗中,混合均勻備用。
2. 大蘋果削皮去核,切成約2公分塊狀,加入蔬菜料中混合均勻,再倒入烤盅。
3. 將原味優格、紅酒醋、伍斯特辣醬油混合均勻,再以鹽和黑胡椒調味,淋在
   蔬菜料上,將烤盅放入預熱150℃的烤箱烤約1.5小時,中間需取出翻拌1～2
   次,趁熱上菜,可以香草裝飾。

Spicy Peanut and Vegetable Stew

香料核果燉蔬菜

看起來清淡的燉菜，加了些微辣椒粉提味，又用花生醬增添濃郁香氣，
不僅保留住蔬菜原有口感，還可以品嘗到有深度的香醇風味。

edients 〈材料〉3～4人份

紅甜椒1個、洋蔥½顆、中型胡蘿蔔½根、中
型洋芋1個、糯米青辣椒4支、玉米筍8支、蒜
仁1瓣、橄欖油1大匙、辣椒粉½小匙、虎豆
（福豆）50g.、蔬菜高湯300ml、顆粒花生醬
4大匙、鹽和黑胡椒適量、熟花生米適量

Recipe 〈做法〉

1. 紅甜椒去蒂去籽，和洋蔥及胡蘿蔔、洋
   芋、青辣椒、玉米筍都切成約1.5公分的粗
   丁備用；蒜仁切末。

2. 橄欖油放入鍋中加熱，先將洋蔥丁與蒜末
   以中小火炒約3分鐘至香軟，再將辣椒粉加
   入，繼續拌炒約1分鐘。

3. 將紅甜椒丁、胡蘿蔔丁、洋芋丁、青辣椒
   丁、虎豆加入拌炒約4分鐘。

4. 再將玉米筍丁、蔬菜高湯（參考P.10）、
   顆粒花生醬加入拌勻，煮開後加蓋，以小
   火燜煮約15～20分鐘或至蔬菜熟軟，最後
   以適量鹽和黑胡椒調味，盛盤後撒上略微
   切碎的花生米就可以享用。

Tips
● 虎豆可以改用雞豆或
其他罐頭豆子代替。

義大利燉飯蛋餅

若有隔餐剩下的白飯、炒飯還是燉飯，
都可以拿來應用，
這道蛋餅不僅可以清冰箱，
還可以立刻變身為受歡迎的早午餐噢！

Ingredients〈材料〉4人份

青蔥2根、新鮮香菇50g.、橄欖油2大匙、白飯2杯、雞蛋6個、披薩起司絲½杯、九層塔葉末1大匙、鹽和黑胡椒適量

Recipe〈做法〉

1. 青蔥切丁，新鮮香菇也去梗切丁，將1大匙橄欖油倒入鍋中加熱，先加入青蔥丁以中小火稍爆香，再加入香菇丁拌炒1分鐘，接著加入白飯繼續拌炒1～2分鐘。

2. 雞蛋在大碗中打散均勻，加入炒熱的香菇飯、披薩起司絲、九層塔葉末和蛋液混合均勻，加入適量鹽和黑胡椒調味。

3. 剩下1大匙橄欖油倒入鍋中加熱，將菇飯蛋液倒入煎鍋，以中小火先將底面煎至不沾鍋，並呈現金黃色，再以鍋鏟小心將蛋餅翻面，續煎另一面至金黃色即可。

Tips

煎蛋餅要翻面時，若擔心使用鍋鏟無法成功翻面，可以改用傳統西班牙蛋餅翻面法，取一直徑大過煎鍋的平底盤，倒扣在煎鍋上，瞬間將蛋餅翻轉至盤子，再輕輕滑入煎鍋，把另一面煎至金黃。

Baked Eggs with Vegetable(Huevos A La Flamenca)

西班牙時蔬烤蛋

這是一道做法簡單、成品看起來很豐盛的蛋類料理，稍微需要花工夫的，只有事前準備蔬菜的過程。光看照片裡的配料，是不是馬上就很想來上一口呢？

Ingredients 〈材料〉2人份

蘑菇100g.、牛蕃茄2個、蘆筍4支、大蔥1根、洋蔥½顆、蒜仁1瓣、紅甜椒½個、毛豆或豌豆50g.、雞蛋4個、橄欖油3大匙、鹽和黑胡椒適量、新鮮巴西里葉末適量

Recipe 〈做法〉

1. 蘑菇快速沖洗，切除菇梗底部；牛蕃茄去皮去籽後果肉切丁；蘆筍尾端根部切除或削去較粗硬外皮，和大蔥都切4～5公分長段；洋蔥切丁、蒜仁切末、甜椒去蒂去籽切成條狀備用。毛豆放入滾鹽水中煮約5分鐘，取出瀝乾，再將蘆筍也放入滾鹽水氽燙15～20秒，取出瀝乾備用。

2. 2大匙橄欖油倒入鍋中加熱，將洋蔥丁、蒜末加入，以中小火炒至香軟，再將牛蕃茄丁加入，以中小火拌炒約10分鐘，最後加入鹽和黑胡椒調味。

3. 在烤盅內側塗抹適量橄欖油，將做法2.鋪在烤盅底部，將2個雞蛋打散，均勻倒在洋蔥蕃茄糊上，另外2個蛋不打散，輕放在中央，保留蛋黃完整形狀。

4. 分別將蘑菇、蘆筍段、大蔥段、毛豆、甜椒條排放在蛋上，撒適量鹽與巴西里葉末，送進預熱180℃的烤箱烤約10分鐘，取出後趁熱食用。

Dual flavor Jacket Potatoes

Dual flavor Jacket Potatoes

雙拼洋芋堡

洋芋屬於優質的澱粉食材，烤得熟軟的洋芋簡單撒上一點鹽、黑胡椒，
再抹上奶油或加起司絲焗烤就很美味。
另外，塗抹上混合新鮮香草的優格或軟質起司也是經典吃法。

Ingredients 〈材料〉4人份

大顆洋芋4個

Filling 〈普羅旺斯燉菜餡〉

牛蕃茄2個、紅洋蔥½顆、黃甜椒1個、長型茄子1條、櫛瓜1條、橄欖油1大
匙、油炸用植物油適量、蕃茄糊1小匙、細砂糖¼小匙、蒜仁½瓣、月桂葉
½片、百里香1束、九層塔1束、新鮮平葉巴西里葉末½大匙

〈陳年酒醋時菇餡〉

鴻禧菇2杯、雪白菇2杯、橄欖油1大匙、洋蔥丁¼杯、蒜末1小匙、白酒1大
匙、義大利陳年酒醋2大匙、鹽和黑胡椒適量、新鮮巴西里葉末2小匙

Recipe 〈做法〉

1. 洋芋外皮洗淨拭乾，以叉子在表皮刺洞，放入預熱220℃的烤箱中烤約
   45分鐘，或以叉子可輕鬆插入洋芋即可，在等待的同時可先製作夾餡。

2. 製作普羅旺斯燉菜餡：牛蕃茄去皮去籽，切成約1.5公分的大丁；紅洋
   蔥、黃甜椒、茄子、櫛瓜都切約1.5公分的大丁，茄子放入鹽水稍微泡
   一下。橄欖油倒入鍋中加熱，先放入紅洋蔥丁以小火拌炒4分鐘，再加
   入黃甜椒丁繼續拌炒4分鐘。茄子瀝乾水分，和櫛瓜分別放入炸油中炸
   過，取出後瀝掉多餘油分，加入洋蔥甜椒中，再倒入蕃茄糊、蕃茄丁、
   細砂糖、蒜仁與所有香草，以小火燜煮約10分鐘後取出香草即可。

3. 製作陳年酒醋時菇餡：鴻禧菇、雪白菇以水沖淨瀝乾，橄欖油倒入鍋中
   加熱，先拌炒洋蔥丁，再加蒜末繼續炒至香軟，之後加入菇類拌炒，淋
   上白酒炒至菇軟，加入義大利陳年酒醋拌炒12分鐘，以適量鹽和黑胡椒
   調味，最後拌入巴西里葉末即可。

4. 洋芋烤熟後以小刀在頂端劃十字切開上半部，再順十字刀痕輕剝，將內
   餡填在洋芋開口上即可享用。

Tips

兩種內餡配方的份量足夠填滿4個大洋芋，烤洋芋時也可先以錫箔紙包封後再烤，吃的時候較方便。

鳳梨苜蓿芽捲餅

這道捲餅非常符合現代人的養生輕食概念，

自製餅皮不僅吃來安心，也可以做出最適合的大小，

搭配酪梨優格醬更能增添內餡口感，當然也可以換成自己愛吃的切片水果或者生菜。

Ingredients〈材料〉4人份（8片）

中筋麵粉225g.、鹽1小撮、橄欖油45ml、溫開水100～150ml、手粉用高筋麵粉適量

Filling〈內餡〉

蘆筍60g.、紅洋蔥½顆、鳳梨果肉200g.、大支紅辣椒1支、苜蓿芽100g.、芫荽葉末2大匙、酪梨優格醬200g.（做法參考P.79「舒芙蕾蛋餅佐酪梨優格醬」）、紅椒粉與胡椒粉適量

Recipe〈做法〉

1. 製作內餡：蘆筍尾端根部切除或削去較粗硬外皮，加入滾鹽水汆燙15～20秒，取出瀝乾備用；紅洋蔥、鳳梨果肉切小丁；紅辣椒去籽切末，將所有處理好的食材和苜蓿芽、芫荽葉末放入大碗中，混合均勻備用。

2. 製作捲餅：中筋麵粉和鹽先放入食物處理機或攪拌機中，將橄欖油一邊加入一邊攪打，再加入溫開水，也是邊加邊攪拌，加入水量視麵粉程度而定，當麵粉形成麵糰即可。

3. 在工作檯上薄薄一層高筋麵粉當作手粉，將取出的麵糰搓揉至外皮光滑即可，以乾淨溼布覆蓋以防麵糰外皮乾裂。將麵糰均分8等份，再搓揉成小圓球，以手壓成圓餅狀，擀開成直徑約20公分的麵皮。

4. 擀好的麵皮放在已經加熱的平底煎鍋上乾煎，每面各煎約30秒至稍微焦黃，煎好的餅皮以乾淨的毛巾覆蓋以免乾硬。

5. 取一片餅皮，先抹上酪梨優格醬，再撒上少許紅椒粉、胡椒粉，放入適量內餡後捲起，如此完成所有捲餅。

Tips

● 若家中沒有食物處理機或攪拌機，可直接利用雙手製作麵糰。首先將麵粉、鹽混合置於工作檯中央，形成一個麵粉丘，中央再挖一空井（洞），將橄欖油和約100ml的溫水倒入井中，以手從井邊將麵粉以同一時鐘方向和油水混合，直到所有麵粉、油、水都混合均勻，若水分不夠，可繼續加至麵粉成糰即可。

● 由於高筋麵粉的質地較滑不黏手，因此一般都以它當作手粉使用。

Pineapple and Alfalfa Tortillas

墨西哥 Spicy Nut Rice

墨西哥香料腰果飯

一提到用辛香味十足的墨西哥香料來做燉飯，
感覺就好像已經聞到陣陣香氣。
這道菜再多加了腰果、黑橄欖
與葡萄乾等特有風味的食材，
入口後又會多出好幾種不同層次的口感。

Ingredients〈材料〉4人份

　　紅洋蔥1顆、蒜仁3瓣、大支青辣椒1支、青椒1個、紅甜椒1個、玉米筍85g.、牛蕃茄1個、圓短米
　　200g.、腰果80g.、橄欖油2大匙、奶油1大匙、薑黃粉1小匙、小茴香粉1小匙、辣椒粉½小匙、黑橄
　　欖8顆、蔬菜高湯450ml、葡萄乾40g.、鹽和黑胡椒適量、新鮮巴西里葉末2大匙

Recipe〈做法〉

1. 紅洋蔥切丁、蒜仁切末；青辣椒去籽切碎；青椒、紅甜椒去蒂去核切丁；玉米筍縱切對半、牛蕃
　　茄去皮去籽切碎；圓短米洗淨瀝乾；腰果放入烤箱烤熟，或選市售烤熟鹹味腰果備用。
2. 取一平底有蓋炒鍋，橄欖油、奶油倒入鍋中加熱融化，先加入紅洋蔥丁、蒜末，以中小火拌炒約
　　2分鐘至香軟。
3. 再將薑黃粉、小茴香粉、辣椒粉、青辣椒碎加入拌炒1分鐘，然後加入圓短米、青紅椒丁、玉米
　　筍、黑橄欖、牛蕃茄碎，繼續拌炒1～2分鐘。
4. 接著加入蔬菜高湯（參考P.10）、葡萄乾煮開，轉小火燜煮約20～25分鐘至飯熟，加入適量鹽和
　　黑胡椒調味，最後將巴西里葉末、腰果加入，拌勻即可。

香草可麗餅佐西瓜莎莎

莎莎醬是墨西哥料理中常用的佐餐醬料，一般常見的材料有蕃茄和辣椒，
這邊則是多了點變化，改採新鮮水果與洋蔥丁當主角，調味又加入了蜂蜜和薄荷，
與香草餅皮一口咬下，馬上就能感受到特殊的清新風味。

redients〈材料〉4人份（8片）

新鮮香草葉（巴西里、百里香、九層塔）25g.、
橄欖油15ml、鮮奶100ml、雞蛋3個、低筋麵粉
30g.、鹽適量、沙拉油適量

Salsa〈西瓜莎莎〉

西瓜果肉120g.、奇異果1個、大紅辣椒1支、紅
洋蔥60g.、蜂蜜1大匙、新鮮薄荷葉末1大匙

Recipe〈做法〉

1. 製作西瓜莎莎：西瓜果肉剔籽，切1公分小
   丁；奇異果去皮後切小丁；大紅辣椒去籽切
   末；紅洋蔥切小丁。將所有材料連同蜂蜜與新
   鮮薄荷葉末混合均勻，放一旁陰涼處靜置入味
   備用。

2. 將洗淨瀝乾的新鮮香草葉和橄欖油加入食物處
   理機中打碎，再將鮮奶、雞蛋、低筋麵粉、鹽
   加入攪拌均勻成麵糊，靜置30分鐘。

3. 加入少許沙拉油於平底煎鍋中加熱，讓鍋底平
   均沾上一層薄油後，倒出多餘的油，取約⅛量
   的麵糊倒入煎鍋，輕搖煎鍋讓麵糊均勻黏附，
   以中小火將每面煎約1～2分鐘或呈金黃色，約
   可製作8片可麗餅。

4. 煎好的可麗餅可以搭配西瓜莎莎食用，或是直
   接將莎莎醬夾入當內餡。

Russian Blinis with Mango Chutney

全麥煎餅佐芒果辣醬

有時候正餐時間沒胃口，偏偏又嘴饞想吃點東西時，這就是一道很好的餐前小點。
煎餅的焦香與芒果醬的甜辣，吃了很容易引起食慾，
改搭楓糖漿也可以變成早餐的新選擇。

Ingredients 〈材料〉4人份

鮮奶250ml、乾酵母粉1小匙、細砂糖2小匙、全麥麵粉80g.、雞
蛋1個、鹽1小撮、沙拉油適量

Dips 〈芒果辣醬〉1杯份

蒜仁1瓣、沙拉油½大匙、薑末½小匙、肉桂棒1支、丁香2個、
辣椒粉¼小匙、芒果果肉500g.、白酒醋185ml、細砂糖115g.、
鹽適量

Recipe 〈做法〉

1. 先製作芒果辣醬：蒜仁切碎，沙拉油倒入鍋中加熱，以中
   小火將蒜仁碎、薑末拌炒1分鐘，再將其他所有材料（鹽除
   外）加入，煮開後轉小火繼續熬煮約1小時或至黏稠果醬
   狀，過程中要不時攪拌以免黏鍋。再加入適量鹽調味，若辣
   度不夠，可再加辣椒粉，起鍋前取出肉桂棒、丁香。將芒果
   辣醬裝入以熱開水煮燙殺菌烘乾的玻璃罐內，蓋上罐蓋放
   涼，保存於陰涼處，開罐後需放置冰箱冷藏保存。

2. 鮮奶加熱至體溫溫度，和乾酵母粉、細砂糖先攪拌均勻，再
   加入已過篩的全麥麵粉、蛋黃、鹽拌勻，以保鮮膜或濕毛巾
   覆蓋靜置發酵約30分鐘。然後將蛋白打發至濕性發泡，輕柔
   地以橡皮刮刀將蛋白和麵糊拌勻。

3. 將少許沙拉油倒入平底煎鍋中加熱，舀入適量麵糊製作約直
   徑10公分的圓煎餅，以中小火每面煎約2～3分鐘至金黃，約
   可製作8個圓煎餅，完成後搭配芒果辣醬食用。

Pancake Topping
with Golden Egg Curry

印度

黃金咖哩蛋燴餅

經常買得到的抓餅、蔥油餅，大多時候都被當成點心，吃法的變化性也不大。
在這道菜裡面，我們改把餅當成主角，做法也很簡單，
利用現成的餅皮切成條狀，搭配咖哩風味的蔬菜丁，還有金黃色的炸雞蛋，
就能輕鬆品嘗獨一無二的燴餅料理。

Ingredients〈材料〉2人份

洋蔥½顆、蒜仁1瓣、牛蕃茄2個、秋葵6支、玉米筍6支、紅甜椒½個、雞蛋4
個、炸油適量、奶油2大匙、椰奶420ml、薑黃粉1小匙、辣椒粉½小匙、鹽適
量、蔥油餅或抓餅2～3片、新鮮芫荽葉末適量

Recipe〈做法〉

1. 洋蔥切碎、蒜仁切末；牛蕃茄去皮去籽切碎；秋葵切掉蒂頭，以鹽稍微搓抓
   掉表面絨毛，和玉米筍都切成約1.5公分小丁；紅甜椒去蒂去籽，切1.5公分
   丁備用。

2. 雞蛋放在水中煮約6分鐘至蛋黃熟硬，以冷水快速沖涼剝去外殼；將適量炸油
   倒入油鍋中加熱至180℃，再將水煮蛋放入，炸至外皮酥脆金黃，可依個人喜
   好保留完整形狀或對切備用。秋葵丁、玉米筍丁、紅甜椒丁可順便放入油鍋
   中炸約30秒，撈出瀝油備用。

3. 將奶油放入鍋中加熱融化，先加入洋蔥碎、蒜末，以中小火拌炒1～2分鐘至
   香軟，再加入牛蕃茄碎拌煮2～3分鐘，接著將椰奶、薑黃粉及辣椒粉加入，
   煮開後轉小火再熬煮2～3分鐘，讓醬汁更濃稠，最後放入炸過的水煮蛋以及
   剩下的蔬菜料丁，以適量的鹽調味，繼續熬煮2～3分鐘。

4. 蔥油餅或抓餅可利用煎鍋或烤箱加熱到酥脆，趁熱切成條狀鋪放在盤中，最
   後將咖哩湯汁和湯料淋在餅上，撒上些許新鮮芫荽葉末，稍微攪拌讓餅皮吸
   滿湯汁就可大快朵頤。

Tips
餅也可以不回烤，直接切成條狀和蛋一起加入湯汁煮，煮的時候若感覺湯汁不夠，可再加些熱水或高湯。

Pancake Topping with Golden Egg Curry

Saffron Vegetable Paella

Saffron Vegetable Paella

番紅花蔬菜烤飯

西班牙傳統料理中最廣為人知的平鐵鍋飯料理，即使只用蔬食入菜也絲毫不遜色。
看這鍋滿滿的各色蔬菜，加上橄欖酸豆的獨特風味，
不難想像是道相當具有飽足感的飯類料理。

Ingredients〈材料〉4人份

大橢圓茄子1個、紅洋蔥½顆、蒜仁2瓣、紅、黃甜椒各½個、小蕃茄100g.、櫛瓜100g.、蘑菇60g.、圓短米250g.、蔬菜高湯750ml、番紅花1小撮、橄欖油3大匙、綠橄欖12顆、酸豆1/2大匙、新鮮巴西里葉末3大匙、鹽和黑胡椒適量

Recipe〈做法〉

1. 大橢圓茄子橫切1公分厚圓片再切成4等份，將茄片鋪放在濾網上，下面以鍋盆承接，將鹽撒在茄片上靜置30分鐘，然後用清水沖洗茄片，再瀝乾備用。

2. 紅洋蔥、蒜仁都切碎；紅、黃甜椒去蒂去籽切條；小蕃茄對切，櫛瓜切約2公分粗丁，蘑菇洗淨切除尾端部分再對切；圓短米洗淨瀝乾；取200ml蔬菜高湯（參考P.10）加熱，將番紅花加入湯中浸泡備用。

3. 取一有蓋稍深的平底鍋，先倒入2大匙橄欖油加熱，再將茄片放入，以中大火煎茄片，期間需不時攪拌翻面至稍微焦黃，取出置於廚房紙巾上吸油備用。

4. 將剩下1大匙橄欖油倒入加熱，以中小火先將紅洋蔥碎、蒜仁碎拌炒香軟，再將紅、黃甜椒條、小蕃茄、櫛瓜丁、蘑菇、綠橄欖、酸豆加入拌炒1分鐘，接著加入圓短米繼續拌炒1分鐘，再放入煎茄片、新鮮巴西里葉末拌勻，然後加入泡有番紅花的蔬菜高湯攪拌，最後將剩下的高湯也加入攪拌均勻，並以適量鹽和黑胡椒調味。

5. 將高湯煮開後加蓋，轉小火燜煮20～25分鐘至飯熟，中途可掀蓋檢查米飯煮熟的程度，若飯未熟但湯汁已收乾，可再酌量加一些熱高湯或熱開水，至飯都已熟軟即可。

墨西哥 Nachos with Chili and Cheese

剝皮辣椒焗玉米片

在中式料理中，
剝皮辣椒一般都被拿來直接當成小菜或是煮雞湯，
這道菜把剝皮辣椒用焗烤的方式呈現，
底部先鋪上玉米片、
表層再撒上會牽絲的起司絲，
輕鬆完成道地的墨西哥風味餐。

Ingredients〈材料〉2人份

罐頭大彎豆260g.、剝皮辣椒4支、甜椒130g.、黑橄欖4顆、玉米片120g.、披薩起司絲150g.、鹽和黑胡椒適量

Recipe〈做法〉

1. 大彎豆從罐頭中取出加熱；剝皮辣椒切圓片、甜椒烤過後切成條狀；黑橄欖切圓片備用。

2. 將玉米片鋪放在烤盅底部，再鋪上加熱過的大彎豆，然後將剝皮辣椒片、烤甜椒條、黑橄欖片均勻排放在玉米片上，撒上適量鹽和黑胡椒調味。

3. 最後將披薩起司絲撒在最頂端，放入預熱200℃的烤箱中烤約5～8分鐘，至起司冒泡微焦黃即可。

Tips

也可以選用新鮮的大支辣椒代替剝皮辣椒，而喜歡辣味的人，則可保留辣椒籽直接入菜。

Lemon Rice with Coconut and Peanut

印度檸檬椰絲花生飯

薑黃帶有特殊香氣，跟白飯一同烹煮後出現的誘人顏色，感覺更能促進食慾，
也是咖哩中不可或缺的香料之一。
這邊先把椰絲與花生用香料炒得香脆，再點綴上清燙後還保有爽脆口感的四季豆，
一鍋色香味俱全的好料就可以上桌了！

Ingredients〈材料〉4人份

白米300g.、薑黃粉1小匙、鹽1小匙、水
650ml、四季豆200g.、奶油2大匙、黑芥末
籽2小匙、乾辣椒2支、乾咖哩葉6片、椰絲
30g.、花生米60g.、檸檬2個榨汁，其中1個
外皮刨細絲

Recipe〈做法〉

1. 白米泡水約30分鐘將水倒掉，再沖洗幾次
   後將水濾乾，和薑黃粉、鹽、水加入鍋中
   以大火煮開，蓋上鍋蓋，轉小火燜煮10～
   12分鐘至飯熟，過程中不要開蓋和攪拌。

2. 四季豆清洗處理後切約4～5公分斜段，放
   入滾鹽水中煮約1分鐘，撈起瀝乾備用。

3. 將奶油加入鍋中加熱融化，先放入黑芥末
   籽，當芥末籽開始爆跳時，即可加入乾辣
   椒、乾咖哩葉、椰絲、花生米，拌炒至椰
   絲、花生米微微焦黃後，接著加入燙過的
   四季豆拌炒約1分鐘即可。

4. 最後將炒好的香料椰絲花生和薑黃飯、檸
   檬汁混合均勻，撒上檸檬皮絲裝飾增加香
   氣就完成了。

Spicy Eggplant Spaghetti with Tomato Sauce

紅醬香辣茄子義大利麵

紅醬一直都是義大利麵料理中的基本款醬汁，這裡告訴你如何自製蕃茄紅醬，當然也可以拿來應用在其他料理上，多做一些冰起來備用吧！

Ingredients〈材料〉2人

　　長條茄子200g.、炸油適量、洋蔥¼顆、蒜仁1瓣、大紅辣椒2支、義大利乾直麵200g.、橄欖油2大匙、綠橄欖8顆、辣椒粉½小匙、蕃茄紅醬200g.、蔬菜高湯400g.、九層塔葉12片、鹽和黑胡椒適量、帕瑪森起司粉（Parmesan Powder）適量、裝飾用九層塔葉1小束

Dressing〈蕃茄紅醬〉約可做3杯份

　　洋蔥½顆、蒜仁2瓣、大顆熟牛蕃茄6個、橄欖油1大匙、新鮮香草葉末（巴西里、奧勒崗、百里香）1大匙、蕃茄糊2大匙、鹽¼小匙、黑胡椒¼小匙

Recipe〈做法〉

1. 先製作蕃茄紅醬：洋蔥切碎、蒜仁切末；牛蕃茄去皮切碎，保留籽肉與湯汁備用。

2. 橄欖油倒入鍋中加熱，加入洋蔥碎、蒜末，以中小火拌炒香軟，再加入蕃茄碎與蕃茄的籽肉湯汁，繼續拌炒約5分鐘或至蕃茄開始糊化。

3. 將新鮮香草末、蕃茄糊倒入，鍋子不加蓋，以小火熬煮20～30分鐘至蕃茄化成濃稠醬汁，加入鹽和黑胡椒調味，即可完成蕃茄紅醬。

4. 長條茄子切約2公分小段，放入鹽水中浸泡30分鐘，取出茄子濾掉多餘水分。將炸油倒入鍋中，以中火加熱至油溫約180℃，放入茄子炸1～2分鐘至茄子熟軟，取出濾掉油份，再用廚房紙巾吸油。

5. 洋蔥切碎、蒜仁切末、紅辣椒去籽切斜段。煮一鍋滾水加入1小把鹽，將義大利乾直麵加入煮約6～8分鐘取出，若沒有立即使用，可淋上少許油以免麵條黏結。

6. 橄欖油倒入炒鍋中加熱，先加入洋蔥碎、蒜末，以中小火拌炒至香軟，再加入紅辣椒段、綠橄欖、辣椒粉、蕃茄紅醬、蔬菜高湯（參考P.10）和炸過的茄子，拌煮1～2分鐘。

7. 接著加入義大利麵繼續拌煮2～3分鐘至醬汁稍收乾濃稠，放入九層塔葉稍微拌炒，再加適量鹽與黑胡椒調味，盛盤後撒上帕瑪森起司粉，裝飾九層塔葉就可以上桌。

Tips

● 蕃茄紅醬待冷卻後裝入乾淨容器，冷藏約可保存1～2星期，冷凍則可保存1個月以上。

● 茄子在料理過程中很容易變色，先泡鹽水再油炸過，可防止茄子變色。而且茄子吸水後能減少油炸過程中吸取太多油。

Spicy Eggplant Spaghetti with Tomato Sauce

Pine Nuts and King Oyster Mushroom Pasta with Basil Pesto

青醬松子杏鮑菇義大利麵

青醬是許多老饕在點義大利麵時的首選，也是香氣十足的醬料，
做法卻不困難，即使懶得下麵，把做好的青醬拿來拌菜或是抹法國土司，也可以吃得很香。
這麼好用又好吃的醬料，不妨親自動手試試看。

Ingredients 〈材料〉2人份

洋蔥¼顆、蒜仁1瓣、杏鮑菇100g.、紅甜椒½個、扭管麵200g.、橄欖油2大匙、黑橄欖8顆、紅椒粉½小匙、蔬菜高湯300g.、九層塔青醬100g.、鹽和黑胡椒適量、帕瑪森起司粉（Parmesan Powder）適量、烤過松子1大匙、裝飾用九層塔葉1小束

Dressing 〈九層塔青醬〉約可做¾杯（100g.）

九層塔葉1杯、特級橄欖油¼杯、帕瑪森起司¼杯、烤過的松子2大匙、鹽½小匙

Recipe 〈做法〉

1. 製作九層塔青醬：九層塔葉洗淨晾乾水分，先和特級橄欖油放入食物處理機中攪碎，再將帕瑪森起司、松子、鹽加入攪打混合均勻即可，若過程中醬汁太濃稠，可酌量再加一些橄欖油即可。

2. 洋蔥切碎、蒜仁切末；杏鮑菇切斜塊、紅甜椒去蒂去籽切菱形塊。煮一鍋滾水加入1小把鹽，將扭管麵加入煮約6～8分鐘後取出，若沒有立即使用，可淋上少許油以免麵條黏結。

3. 橄欖油倒入炒鍋中加熱，先加入洋蔥碎、蒜末，以中小火拌炒至香軟，再加入杏鮑菇塊、紅甜椒塊、黑橄欖、紅椒粉拌炒1～2分鐘。

4. 再將蔬菜高湯（參考P.10）和扭管麵加入拌煮1～2分鐘，最後加入九層塔青醬拌炒均勻，再加適量鹽與黑胡椒調味即可。盛盤後撒上帕瑪森起司粉、烤過的松子，裝飾九層塔葉就可以上桌。

Tips

● 完成的青醬裝罐後可在表面倒上一層橄欖油，保護青醬不易氧化變色，放冷藏可保存1～2星期，冷凍可達1個月以上。

● 這邊使用的義大利麵是一種比較少見的扭管麵，當然也可以用自己喜歡的義大利麵代替。

● 若喜歡蒜頭的嗆辣味，可加入幾瓣蒜仁一起攪打。如果松子不易取得或成本較高，也可改用3大匙的杏仁代替。

義大利 Creamy Mushroom
and Green Soybean Risotto

奶油蘑菇毛豆燉飯

熱呼呼的燉飯料理絕對是冬天暖胃的好選擇，起鍋時濃郁香氣簡直令人無法抗拒，
吸滿蔬菜高湯的飯粒，每一口都能吃出鮮甜，奶油與起司更凸顯出這道料理的滑順口感。

Ingredients〈材料〉2人份

蔬菜高湯800ml、白酒100ml、蘑菇150g.、洋蔥¼顆、圓短米200g.、毛豆150g.、橄欖油1大匙、新鮮巴
西里葉末½大匙、新鮮百里香葉末½大匙、奶油4大匙、鮮奶油100ml、帕瑪森起司（Parmesan Cheese）
30g.、鹽和黑胡椒適量

Recipe〈做法〉

1. 先將蔬菜高湯（參考P.10）和白酒倒入小湯鍋煮開備用；蘑菇快速沖洗，切除菇梗尾端；洋蔥切丁；
   圓短米洗淨瀝乾、毛豆也清洗後瀝乾備用。

2. 將蘑菇排放在烤盤上，淋上少許橄欖油，撒上少許新鮮香草葉末、適量鹽和黑胡椒調味，放入預熱
   180℃的烤箱中烤約10～15分鐘，取出後放旁邊備用。

3. 3大匙奶油放入鍋中加熱融化，先加入洋蔥丁以中小火拌炒至香軟，再加入米和新鮮香草葉末拌炒，
   接著加少許蔬菜高湯，待米吸收湯汁之後，分數次倒入蔬菜高湯，約15分鐘後將毛豆加入，繼續拌煮
   約5分鐘，然後加入鮮奶油和蘑菇，直到燉飯的所有食材完全融合，過程中需不斷攪拌以防黏鍋底。

4. 起鍋前將剩下的1大匙奶油拌入，讓燉飯口感更加滑順，食用時將帕瑪森起司直接刨絲，撒在燉飯
   上。

義大利 Pumpkin and Corn Risotto

南瓜玉米燉飯

這道燉飯利用本身帶有自然甜味的南瓜和玉米入菜，
吃起來清爽不膩，加上富含維生素A、適合燉煮的南瓜，
讓燉飯味道更可口、營養也滿分。

Ingredients〈材料〉2人份

蔬菜高湯700ml、白酒200ml、番紅花1小撮、
洋蔥½顆、蒜仁1瓣、南瓜果肉300g.、圓短
米200g.、橄欖油2大匙、玉米粒100g.、新鮮
奧勒崗葉末1大匙、鹽和黑胡椒適量、帕瑪森
起司粉（Parmesan Powder）15g.、奶油1大
匙、南瓜籽2大匙、裝飾用新鮮奧勒崗葉適量

Recipe〈做法〉

1. 先將蔬菜高湯（參考P.10）和白酒倒入小
   湯鍋中煮開備用，舀出一小碗蔬菜高湯浸
   泡番紅花；洋蔥切丁、蒜仁切末、南瓜果
   肉切約2公分粗丁；圓短米洗淨瀝乾備用。

2. 橄欖油倒入鍋中加熱，先加入洋蔥丁、蒜
   末，以中小火拌炒至香軟，再加入米、南
   瓜丁和新鮮奧勒崗葉末拌炒，倒入浸泡番
   紅花的高湯，待米吸收湯汁後，分數次倒
   入做法1.的高湯。

3. 約15分鐘後將玉米粒加入繼續拌煮，煮約
   5分鐘或燉飯熟軟後，再拌入帕瑪森起司
   粉，過程中需不斷攪拌以防黏鍋底。

4. 起鍋前將1大匙奶油拌入，讓燉飯的口感更
   加滑順，盛盤後撒上南瓜籽，並裝飾適量
   新鮮奧勒崗葉即可享用。

Tips

蘑菇若不想先用烤箱烤過，也可用簡單一點的
方式，直接以中小火在鍋中拌炒。

料理燉飯的過程中添加的高湯或開水，最好事
先加熱後再倒入，以免燉飯溫度忽然降低而拉長
燉煮時間，也會影響到燉飯吸收湯汁的效果。

Tips

煮義式燉飯時，米和高湯的比例約1：4或
1：5，可視實際米飯熟軟程度增減高湯份量。若高湯加完後飯仍未熟，可酌量再加些熱開水。

義大利 Sweet Potato Gnocchi

甜薯義式麵疙瘩

Gnocchi是一道義大利的傳統家常料理，
通常會拿洋芋跟麵粉去做麵糰，
再切成一顆一顆的麵疙瘩、水煮後搭配起司一起享用。
這邊我們改以地瓜取代洋芋，
將紫心地瓜與黃地瓜一起使用的話，
能讓這道料理看起來有兩種更繽紛的顏色。

Ingredients〈材料〉4人份

地瓜500g.、蛋黃1個、低筋麵粉100～150g.、鹽和白胡椒適量

Dressing〈醬汁〉

奶油2大匙、迷迭香2支、彩色胡椒圓粒1大匙、動物性鮮奶油240ml、煮麵水適量、鹽和白胡椒適量、帕瑪森起司粉（Parmesan Powder）適量、裝飾用迷迭香數支

Recipe〈做法〉

1. 地瓜削皮放入電鍋蒸熟，用湯匙背壓成泥，再將地瓜泥、蛋黃、已過篩的低筋麵粉、鹽和白胡椒放入鋼盆中混合成糰，麵粉可先加入100g.，若太濕黏再酌加至可成糰為止。

2. 接著整型分切。將麵糰搓成約2公分寬的長條，再分切成約3公分長的小段；若麵糰較濕黏或喜歡偏軟的口感，也可將麵糰填入擠花袋中擠出條狀，再以剪刀分剪小段。將分切好的麵疙瘩放入滾水中煮熟。

3. 製作醬汁：奶油在鍋中加熱融化，加入迷迭香、彩色胡椒圓粒爆香，再將鮮奶油加入，也可酌加些煮麵水調整醬汁濃度，最後加適量鹽和白胡椒調味，盛盤後撒上帕瑪森起司粉和新鮮迷迭香裝飾即可享用。

Tips

◆ 若不確定麵疙瘩煮出來之後的口感，揉麵成糰後可先準備一鍋滾水，搓一小顆麵糰圓球放入滾水中煮，約3分鐘浮起後，撈出以手指按壓，若有彈性表示已熟，待稍涼後試口感軟硬度，若太軟可再酌加麵粉。

◆ 製作完成的生麵疙瘩若沒馬上料理，可放冷藏保存2～3天，若放入冷凍可保存1個月，使用前先取出稍微退冰即可料理。

Sweet Potato Gnocchi

Stuffed Sweet Pepper with Farfalle

焗甜椒鑲蝴蝶麵

果盅類料理其實並沒有想像中那麼困難，
只要花點巧思，就能點綴出不一樣的餐桌風景。
這道焗甜椒鑲蝴蝶麵小巧又討喜，
全家人吃的話也可以分別用不同顏色的甜椒來料理，
盅內隨意鑲入自己愛吃的餡料也很棒！

Ingredients 〈材料〉4人份

洋蔥丁2大匙、蒜末1小匙、黃甜椒5個、毛豆20g.、蘑菇8朵、黑橄欖8顆、蝴蝶麵100g.、橄欖油1大匙、玉米粒¼杯、新鮮巴西里葉末½大匙、白醬75g.、蕃茄紅醬75g.、熱開水150g.、鹽和黑胡椒適量、披薩起司絲40g.

Recipe 〈做法〉

1. 取4個甜椒橫切頂端¼部位，將籽挖出，把甜椒當成果盅備用，頂部蒂頭部位可保留當蓋子，另取剩下的一個甜椒剖開，去籽肉後切約1.5公分丁；蘑菇快速洗淨，切除尾端再對半切；黑橄欖橫切圓片備用。

2. 煮一鍋滾水加入1小把鹽，將蝴蝶麵加入煮約6～8分鐘取出備用，若沒有立即使用，可淋上少許油以免麵條黏結。

3. 橄欖油倒入鍋中加熱，先以中小火將洋蔥丁、蒜末炒香軟，再加入甜椒丁、毛豆、蘑菇、玉米粒、黑橄欖片、巴西里葉末拌炒1～2分鐘。

4. 再將白醬、紅醬、熱開水加入煮開，放入事先煮熟的蝴蝶麵，再拌煮1～2分鐘至醬汁略微收乾濃稠，加入適量鹽和黑胡椒調味。

5. 將完成後的蝴蝶麵內餡填塞於甜椒果盅內，鋪上披薩起司絲，放入預熱200℃的烤箱中，烤約10分鐘或表面起司融化焦黃即可。

Tips

蕃茄紅醬做法可參考P.98「紅醬香辣茄子義大利麵」，白醬做法可參考P.66「奶油芥末杏鮑菇焗鮮筍」。

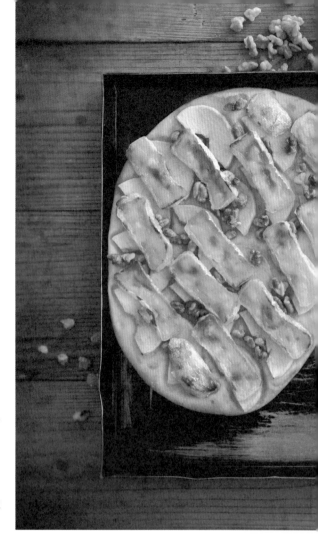

Walnuts 義大利
and Camembert Pizza

蜜核桃
百黴起司披薩

很少有機會可以吃到搭配水果餡料口味的披薩，
這邊先在餅皮刷上一層蜂蜜酒醋醬，
再將蘋果切片，
與香濃的卡門貝爾起司一起進烤箱，
讓容易感到濃膩的口感更加清爽，
也多了一股蜜核桃的香氣與酥脆。

Ingredients〈材料〉10吋圓或20 x 30公分長形披薩一份

卡門貝爾起司（Camembert Cheese）200g.、
大顆蘋果1個、檸檬汁1大匙、蜜核桃100g.、
蜂蜜1½大匙、義大利陳年酒醋1½大匙、特級
橄欖油1大匙

〈餅皮麵糰〉10吋圓或20 x 30公分長形餅皮兩份

高筋麵粉250g.、乾酵母粉½小匙、糖½小匙、水130m1、橄欖油60g.、鹽½小匙

Recipe〈做法〉

1. 製作餅皮麵糰：高筋麵粉過篩，放於乾淨檯面上或大盆中，將乾酵母粉、糖與水混合後倒於麵粉上，
   以雙手攪拌，再加入橄欖油與鹽，繼續攪拌搓揉直到麵糰表面光滑。

2. 取一圓盆或大碗，內部抹少許沙拉油，將麵糰置於其中，蓋上乾淨濕毛巾或保鮮膜，置於溫暖處。

3. 待麵糰膨脹成約兩倍大小，即可開始整型。先將麵糰等分成兩份，取其一擀成圓形或方形烤盤大小，
   靜置一旁備用。

4. 卡門貝爾起司切成約0.5公分的厚長片；蘋果削皮去核切約0.5公分片狀，將檸檬汁淋在蘋果片上避免
   變色；蜜核桃稍微切碎；蜂蜜和義大利陳年酒醋拌勻成醬汁備用。

5. 先在麵皮塗抹上一半的蜂蜜酒醋醬汁，將蘋果片鋪排在餅皮上，再放上卡門貝爾起司片、蜜核桃碎，
   最後淋上剩下的蜂蜜酒醋醬汁和少許特級橄欖油即可。

6. 放入預熱250℃的烤箱中烤約10分鐘，表面呈微焦黃即可。

義大利

Sun-Dried
Tomato Marguerite Pizza

瑪格麗特漬蕃茄披薩

瑪格麗特披薩可以說是義大利披薩中的經典款，
結合了油漬蕃茄、莫扎瑞拉起司
與九層塔葉紅白綠三種食材，
就能吃出十足香氣，
絕對是披薩愛好者的首選。

Ingredients 〈材料〉10吋圓或20 x 30公分長形披薩一份

九層塔青醬3大匙（做法參考P.101「青醬松子杏鮑菇義大利麵」）、油漬蕃茄乾150g.、莫扎瑞拉起司（Mozzarella Cheese）200g.、特級橄欖油適量、鹽和黑胡椒適量、新鮮九層塔葉數片

〈餅皮麵糰〉10吋圓或20 x 30公分長形餅皮兩份

做法參考P.108「蜜核桃白黴起司披薩」餅皮麵糰做法

Recipe 〈做法〉

1. 將九層塔青醬均勻抹在披薩麵皮上，再將油漬蕃茄乾撕長條鋪排在上面，最上層再鋪上莫扎瑞拉起司，撒適量特級橄欖油及鹽和黑胡椒調味。

2. 放入預熱250℃的烤箱中烤約10分鐘，表面呈微焦黃即可，上桌前撒上新鮮九層塔葉裝飾。

義大利 Creamy Basil Pesto Lasagne

奶油青醬千層麵

這道高熱量麵點多層次的口感與焗烤起司形成完美搭配，
會讓人忍不住吃個不停。
料理方式也很簡單，
一層麵皮一層餡料組合好、送進烤箱就沒錯，
美食當前，其他就先別想太多了！

Ingredients 〈材料〉4人份

茄子400g.、櫛瓜400g.、牛蕃茄400g.、橄欖油適量、義大利陳年酒醋適量、新鮮香草末2
大匙、鹽和黑胡椒適量、白醬250ml（做法參考P.66「奶油芥末杏鮑菇焗鮮筍」）、鮮奶
100ml、青醬50ml（做法參考P.54「山藥青醬義麵湯」）、千層麵皮4～6張、披薩起司絲
150g.

Recipe 〈做法〉

1. 茄子橫切0.5公分厚圓片，將茄片鋪放在濾網上，下面以鍋盆盛接，再將鹽撒在茄片上
   靜置30分鐘，然後用清水沖洗茄片瀝乾備用；櫛瓜和牛蕃茄也橫切約0.5公分厚圓片備
   用。

2. 在烤盤上塗抹少許橄欖油，將茄子片、櫛瓜片、牛蕃茄片分開排列在烤盤上，淋上適量
   橄欖油、義大利陳年酒醋，再撒上新鮮香草末、適量鹽和黑胡椒調味，放入預熱180℃
   的烤箱烤約10～15分鐘。

3. 將白醬和鮮奶一起倒入小鍋中攪拌加熱，當鮮奶白醬變得流動滑順時將鍋子離火，再將
   青醬加入攪拌均勻。

4. 取一適當大小烤盅，底部塗抹少許橄欖油，先鋪上2～3片千層麵皮在底部，再依序將一
   半的茄子片、櫛瓜片、牛蕃茄片鋪上，淋上一半份量的鮮奶白醬，撒上半量的披薩起司
   絲，依此步驟將剩下另一半食材也組合完成。

5. 送入預熱220℃的烤箱烤約30分鐘，至表面起司融化冒泡呈金黃微焦就可趁熱上桌。

Creamy Basil Pesto Lasagne

Ravioli with Pumpkin and Blue Cheese Filling

南瓜藍黴起司餃

義大利語中的「Ravioli」是一種用麵皮做成的傳統麵食，
將蔬菜、起司等餡料包入後，放到熱水中煮熟，搭配特調醬汁一起吃，
保證嘗一口就會愛上它的香濃口感。
別看它不起眼，它的好味道就連攝影師阿威都讚不絕口。

Ingredients 〈內餡〉2人份

帶皮蒜仁1瓣、南瓜果肉200g.、油漬蕃茄乾20g.、藍黴起司50g.、鹽和黑胡椒適量

Daugh 〈麵皮〉

中筋麵粉210g.、雞蛋3個、鹽適量、手粉用高筋麵粉適量

Sauces 〈醬汁〉

奶油75g.、新鮮鼠尾草4束

Recipe 〈做法〉

1. 製作內餡：帶皮蒜仁放在烤箱中烤約10分鐘，蒜仁軟化後除去外膜並壓成泥狀；南瓜以電鍋蒸熟，軟壓成泥；油漬蕃茄乾切碎備用。將蒜泥、南瓜泥、蕃茄乾碎、藍黴起司全部混合均勻，以適量鹽和黑胡椒調味後放一旁備用。

2. 製作麵皮：將已過篩的中筋麵粉和1小撮鹽堆放在工作檯面成一小丘，中央挖一空井（洞），蛋打散倒入井中，用手從井邊將麵粉以同一時鐘方向和雞蛋混合，一直到麵粉和雞蛋都混合均勻。若麵粉太乾可酌加些水至麵粉成糰，若太濕則可再增加麵粉。

3. 雙手撒些高筋麵粉當作手粉，用手揉麵糰約10分鐘直到表面光滑，以濕毛巾覆蓋30分鐘讓麵糰鬆弛，再將麵糰擀開成厚約0.3公分的大麵皮，再以7～8公分的蛋糕模型將麵皮壓出一個個小圓皮，或以小刀將麵皮分切成7～8公分寬的正方形。

4. 將內餡大約均分為8等份，以湯匙將內餡舀到麵皮上，在麵皮周圍塗一圈清水，覆蓋上另一片麵皮，將內餡中的空氣往外擠出，並壓緊麵皮外圈，依此完成所有麵餃。

5. 煮開一鍋水，將麵餃分批放入煮熟約需3～4分鐘，煮的時候要注意不要讓麵餃黏在一起。

6. 最後將奶油放入平底鍋中加熱融化，再加入鼠尾草，以中小火煎至鼠尾草微焦黃，然後將醬汁和鼠尾草淋在盛盤的麵餃上即可享用。

Tips

內餡材料中的油漬蕃茄乾和藍黴起司本身都帶有鹹味，因此調味時鹽的份量要特別控制。

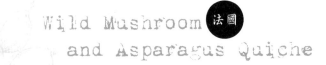

Wild Mushroom
and Asparagus Quiche 法國

野菇蘆筍法式鹹派

鹹派可以搭配沙拉湯品當成正餐，也可以當作下午茶的點心，
只要在派皮放上事先料理好的餡料，再混合蛋奶液送進烤箱，
就能烤出一塊別具風味的鹹派。
自製派皮雖然有點花工夫，但絕對是獨一無二的好滋味，
快點學會然後跟親朋好友一起分享吧！

Ingredients 〈派皮〉 直徑8吋厚度5公分鹹派一個

高筋麵粉100g.、低筋麵粉100g.、鹽適量、無鹽奶油100g.、雞蛋1個
（60g.）、冰水30m1

〈內餡〉

綜合時菇400g.、蘆筍100g.、新鮮香草葉末3大匙、奶油20g.、檸檬汁1大
匙、鹽和黑胡椒適量、披薩起司絲60g.

〈蛋奶液〉

雞蛋2個、鮮奶100m1、鮮奶油100m1、鹽和黑胡椒適量

Recipe 〈做法〉

1. 製作派皮：將高筋麵粉和低筋麵粉混合過篩後倒入鋼盆中，或是在工作檯
   面上堆成小丘，加入鹽拌勻。倒入在室溫下稍微軟化的奶油，以手指尖迅
   速拌勻直到呈現像麵包屑般大小的麵粉堆。

2. 在麵粉牆中間挖一空井（洞），倒入雞蛋和冰水，以手或叉子將麵粉和雞
   蛋、冰水慢慢混合均勻，如果麵糰太乾，可酌量加入些冰水，揉搓麵糰直
   到表面光滑，包上保鮮膜，放入冰箱冷藏30分鐘以上，即成鹹塔皮麵糰。

3. 取出鹹塔皮麵糰，取300g.麵糰放於室溫稍微軟化後，以擀麵棍擀成0.3～
   0.4公分厚的薄麵皮。用小刀切割出比塔模底部還大6公分的圓，小心地拿
   起麵皮平貼在模型上，修掉多餘麵皮，以叉子在麵皮底部刺些小孔，再放
   回冰箱冷藏鬆弛20～30分鐘以上。

接下頁↓

Wild Mushroom and Asparagus Quiche

4. 鬆弛完的派皮接著進行空烤（盲烤），先將烤盤紙鋪在生派皮上，再倒入適量烘焙重石，然後放入烤箱烤約10～15分鐘，至派皮烤乾且形狀已固定並呈淡金黃色，先從烤箱中取出，即可將烤盤紙與重石移開。

5. 若派皮這時出現裂縫，可利用之前剩餘的生派皮填補，再將1個雞蛋和少許鹽一起打散，加鹽可讓打散雞蛋降低黏稠度，方便以毛刷塗抹在半熟派皮表面，再將塗上薄薄一層蛋液的派皮送回烤箱，繼續烤5～10分鐘或至派皮呈金黃色，取出稍涼備用。

6. 綜合時菇以水快速沖洗瀝乾，體形較大的菇可再分切；蘆筍尾端根部切除或削去較粗硬外皮，切4～5公分長段；新鮮香草洗淨瀝乾，去梗切碎末備用。

7. 將奶油放入鍋中，以中火加熱融化，加入時菇拌炒，再加入蘆筍段、香草葉末、檸檬汁，加蓋燜約3～5分鐘至菇類熟軟，以適量鹽和黑胡椒調味即可。

8. 製作蛋奶液：將雞蛋打散，再將鮮奶、鮮奶油加入拌勻，最後加入適量鹽與黑胡椒調味即可。

9. 將內餡鋪在預烤過的派皮中，放上起司絲、倒入蛋奶液。放入預熱180℃的烤箱烤約20～30分鐘，取出輕搖模型，若鹹派中央的蛋奶液不會像液體般搖晃，而是有彈性的輕晃，就代表已經好了，取出待涼就可切開享用。

Tips

● 新鮮時菇可選用自己喜好或當季的菇類，如新鮮香菇、鴻禧菇、白精靈菇等。而新鮮香草也可依個人喜好與取得方便使用，像是巴西里、百里香、龍蒿或九層塔都可以，若沒辦法取得新鮮香草，也可用乾燥香草替代，但份量需減為½～⅓。

朱雀文化與你一起品味生活

COOK50 系列

COOK50086 100道簡單麵點馬上吃─利用不發酵麵糰和水調麵糊做麵食／江豔鳳著　定價280元
COOK50087 10×10＝100怎樣都是最受歡迎的菜／蔡全成著　特價199元
COOK50088 喝對蔬果汁不生病─每天1杯，嚴選200道好喝的維他命／楊馥美編著　定價280元
COOK50089 一個人快煮─超神速做菜BOOK／張孜寧編著　定價199元
COOK50091 人人都會做的電子鍋料理100─煎、煮、炒、烤，料理、點心一個按鍵統統搞定！／江豔鳳著　定價199元
COOK50092 餅乾‧果凍布丁‧巧克力─西點新手的不失敗配方／吳美珠著　定價280元
COOK50093 網拍美食創業寶典─教你做網友最愛的下標的主食、小菜、甜點和醬料／洪嘉妤著　定價280元
COOK50094 這樣吃最省─省錢省時省能源做好菜／江豔鳳著　特價199元
COOK50095 這些大廚教我做的菜─理論廚師的實驗廚房／黃舒萱著　定價360元
COOK50096 跟著名廚從零開始學料理─專為新手量身定做的烹飪小百科／蔡全成著　定價299元
COOK50097 抗流感‧免疫力蔬果汁─ 一天一杯，輕鬆改善體質、抵抗疾病／郭月英著　定價280元
COOK50098 我的第一本調酒書─從最受歡迎到最經典的雞尾酒，家裡就是Lounge Bar／李佳紋著　定價280元
COOK50099 不失敗西點教室經典珍藏版─600張圖解照片＋近200個成功秘訣，做點心絕對沒問題／王安琪著　定價320元
COOK50100 五星級名廚到我家─湯、開胃菜、沙拉、麵食、燉飯、主菜和甜點的料理密技／陶禮君著　定價320元
COOK50101 燉補110鍋─改造體質，提升免疫力／郭月英著　定價300元
COOK50104 萬能小烤箱料理─蒸、煮、炒、煎、烤，什麼都能做！／江豔鳳、王安琪著　定價280元
COOK50105 一定要學會的沙拉和醬汁118─55道沙拉×63道醬汁（中英對照）／金一鳴著　定價300元
COOK50106 新手做義大利麵、焗烤─最簡單、百變的義式料理／洪嘉妤著　定價280元
COOK50107 法式烘焙時尚甜點─經典VS.主廚的獨家更好吃配方／郭建昌著　定價350元
COOK50108 咖啡館sty1e三明治─13家韓國超人氣咖啡館＋45種熱銷三明治＋30種三明治基本款／熊津編輯部著　定價350元
COOK50109 最想學會的外國菜─全世界美食一次學透透（中英對照）／洪白陽著　定價350元
COOK50110 Caro1不藏私料理廚房─新手也能變大廚的90堂必修課／胡涓涓著　定價360元
COOK50111 來塊餅【加餅不加價】─發麵燙麵異國點心／趙柏淯著　定價300元
COOK50112 第一次做中式麵點─中點新手的不失敗配方／吳美珠著　定價280元
COOK50113 0～6歲嬰幼兒營養副食品和主食─130道食譜和150個育兒手札、貼心叮嚀／王安琪著　定價360元
COOK50114 初學者的法式時尚甜點─經典VS.主廚的更好吃配方和點心裝飾／郭建昌著　定價350元
COOK50115 第一次做蛋糕和麵包─最詳盡的1,000個步驟圖，讓新手一定成功的130 道手作點心／李亮知著　定價360元
COOK50116 咖啡館sty1e早午餐─10家韓國超人氣咖啡館＋57份人氣餐點／LEESCOM編輯部著　定價350元
COOK50117 一個人好好吃─每一天都能盡情享受！的料理／蓋雅Magus 著　定價280元
COOK50118 世界素料理101（奶蛋素版）─小菜、輕食、焗烤、西餐、湯品和甜點／王安琪、洪嘉妤著　定價300元
COOK50119 最想學會的家常菜─從小菜到主食一次學透透（中英對照）／洪白陽（CC 老師）著　定價350元
COOK50120 手感饅頭包子─口味多、餡料豐，意想不到的黃金配方／趙柏淯著　定價350元
COOK50121 異國風馬鈴薯、地瓜、南瓜料理─主廚精選＋樂活輕食＋最受歡迎餐廳菜／安世耕著　定價350元
COOK50122 今天不吃肉─我的快樂蔬食日〈樂活升級版〉／王申長E11son著　定價280元
COOK50123 STEW異國風燉菜燉飯─跟著味蕾環遊世界家裡燉／金一鳴著　定價320元
COOK50124 小學生都會做的菜─蛋糕、麵包、沙拉、甜點、派對點心／宋惠仙著　定價280元
COOK50125 2歲起小朋友最愛的蛋糕、麵包和餅乾─營養食材＋親手製作＝愛心滿滿的媽咪食譜／王安琪著　定價320元
COOK50126 蛋糕，基礎的基礎─80個常見疑問、7種實用麵糰和6種美味霜飾／相原一吉著　定價299元
COOK50127 西點，基礎的基礎─60個零失敗訣竅、9種實用麵糰、12種萬用醬料、43款經典配方／相原一吉著　定價299元
COOK50128 4個月～2歲嬰幼兒營養副食品─全方位的寶寶飲食書和育兒心得（超值育兒版）／王安琪著　定價299元
COOK50129 金牌主廚的法式甜點饕客口碑版─得獎甜點珍藏秘方大公開／李依錫著　定價399元
COOK50130 廚神的家常菜─傳奇餐廳的尋常料理，令人驚艷的好滋味／費朗‧亞德里亞（Ferran Adrià）著　定價1000元
COOK50131 咖啡館sty1e鬆餅大集合─6大種類×77道，選擇最多、材料變化最豐富！／王安琪著　定價350元

COOK50132 TAPAS異國風，開胃小菜小點—風靡歐洲、美洲和亞洲的飲食新風潮／金一鳴著 定價320元

COOK50133 咖啡新手的第一本書（拉花＆花式咖啡升級版）—從8歲～88歲看圖就會煮咖啡／許逸淳著 定價250元

COOK50134 一個鍋做異國料理—全世界美食一鍋煮透透（中英對照）／洪白陽（CC老師）著 定價350元

COOK50135 LADURÉE百年糕點老舖的傳奇配方／LADURÉE團隊著 定價1000元

COOK50136 新手烘焙，基礎的基礎—圖片＋實作心得，超詳盡西點入門書／林軒帆著 定價350元

COOK50137 150～500大卡減肥便當，三餐照吃免挨餓的瘦身魔法—3個月內甩掉25公斤，
　　　　　美女減重專家親身經驗大公開／李京暎著 定價380元

COOK50138 絕對好吃！的100道奶蛋素料理—堅持不用加工速料！自然食材隨處可買&簡單快速隨手好做／江艷鳳著 定價299元

COOK50139 麵包機做饅頭、吐司和麵包：一指搞定的超簡單配方之外，
　　　　　再蒐集27個讓吐司隔天更好吃的秘方／王安琪著 定價360元

COOK50140 傳奇與時尚LADURÉE馬卡龍・典藏版／LADURÉE團隊著 定價1000元

COOK50141 法國料理，基礎的基礎：名廚親授頂級配方、基本技巧、烹調用語，和飲食文化常識／音羽和紀 監修 定價380元

TASTER系列

TASTER001 冰砂大全—112道最流行的冰砂／蔣馥安著 特價199元

TASTER003 清瘦蔬果汁—112道變瘦變漂亮的果汁／蔣馥安著 特價169元

TASTER005 瘦身美人茶—90道超強效減脂茶／洪依蘭著 定價199元

TASTER008 上班族精力茶—減壓調養、增加活力的嚴選好茶／楊錦華著 特價199元

TASTER009 纖瘦醋—瘦身健康醋DIY／徐因著 特價199元

TASTER0111杯咖啡—經典＆流行配方、沖煮器具教學和拉花技巧／美好生活實踐小組編著 定價220元

TASTER0121杯紅茶—經典＆流行配方、世界紅茶＆茶器介紹／美好生活實踐小組編著 定價220元

MAGIC系列

MAGIC002 漂亮美眉髮型魔法書—最IN美少女必備的Beauty Book／高美燕著 定價250元

MAGIC004 6分鐘泡澡一瘦身—70個配方，讓你更瘦、更健康美麗／楊錦華著 定價280元

MAGIC006 我就是要你瘦—26公斤的真實減重故事／孫崇發著 定價199元

MAGIC008 花小錢做個自然美人—天然面膜、護髮護膚、泡湯自己來／孫玉銘著 定價199元

MAGIC009 精油瘦身美顏魔法／李淳廉著 定價230元

MAGIC010 精油全家健康魔法—我的芳香家庭護照／李淳廉著 定價230元

MAGIC013 費莉莉的串珠魔法書—半寶石、璀璨・新奢華／費莉莉著 定價380元

MAGIC014 一個人輕鬆完成的33件禮物—點心・雜貨・包裝DIY／金一鳴、黃愷縈著 定價280元

MAGIC016 開店裝修省錢&賺錢123招—成功打造金店面，老闆必學分／唐芩著 定價350元

MAGIC017 新手養狗實用小百科—勝犬調教成功法則／蕭敦耀著 定價199元

MAGIC018 現在開始學瑜珈—青春，停駐在開始練瑜珈的那一天／湯永緒著 定價280元

MAGIC019 輕鬆打造！中古屋變新屋—絕對成功的買屋、裝修、設計要點＆實例／ 唐芩著 定價280元

MAGIC021 青花魚教練教你打造王字腹肌—型男必備專業健身書／崔誠兆著 定價380元

MAGIC024 10分鐘睡衣瘦身操—名模教你打造輕盈S曲線／艾咪著 定價320元

MAGIC025 5分鐘起床拉筋伸展操—最新NEAT瘦身概念＋增強代謝＋廢物排出／艾咪著 定價330元

LifeStyle系列

一次搞懂全球流行居家設計風格 Living Design of the World
111位最具代表性設計師、160個最受矚目經典品牌，以及名家眼中的設計美學 CASA LIVING 編輯部　定價380元

介紹北歐、法國、英國、義大利、德國和美國等，6類最經典且引人駐足的魅力居家設計。書中網羅全球備受矚目的111位世紀設計師、160個引領世界設計潮流的經典品牌、16位名家眼中的設計美學，其中也包含主導流行趨勢的設計展覽與設計議題，書末並收錄引進國際知名家具品牌的家具家飾店家資訊，是一本內容充實的生活設計小事典。

123人的家
好想住這裡！來看看這些家具公司員工的單身宅、兩人窩、親子空間，和1,727個家居角落 Actus團隊　定價770元

藉由回答12個跟生活、布置有關的問題、搭配1,727張真實照片，不論單身、小夫妻或是三人以上的親子家庭，都能清楚了解每家屋主的生活態度。有人深愛家具，為了沙發不惜破壞完整度也要特別墊上超出範圍的額外地毯；還有人把未經整修、屋齡六十年的日式古厝巧手布置成「阿嬤家的北歐風」……每個家都擁有專屬的主題與獨一無二的質感。

怦然心動的家中一角
工作桌、創作空間與書房的好感布置
凱洛琳‧克利夫頓摩格（Caroline Clifton-Mogg）定價360元

讓資深家居迷凱洛琳‧克利夫頓摩格告訴你，如何兼顧需求與美感，打造出舒適的私人天地！提供家具、燈具的挑選建議，還有絕妙的收納與展示方法。書中提供數不盡、可以應用在家中的創意點子，讓原有空間的氛圍大不同！

愛書成家
──書的收藏 × 家飾
達米安‧湯普森（Damian Thompson）定價350元

就算現在到處充斥著聲光效果豐富的數位傳媒，紙本書仍然有它獨特的溫度與氣味，讓人難以割捨對它的喜愛。但是，看著家裡越來越多「無家可歸」的書本，是不是很頭痛該怎麼簡潔地收納，又能優雅地展示藏書呢？本書作者達米安‧湯普森告訴你，怎麼在家裡的各個空間收納、展示，以及保護愛書！

生活如此美好
法國教我慢慢來
海莉葉塔·希爾德（Henrietta Heald）定價380元

從小接觸法國文化的作者，以優美散文獨到描述法式生活的傳統與特色。書中依照不同區域分成五大篇章，以十五棟古老卻美麗依舊的房舍為主軸，一併介紹地區特色、美酒佳餚、法式建築和室內佈置，不時穿插的經典法國料理食譜、偉大作家的名言語錄，豐富多元的生活躍然紙上。

甜蜜巴黎
美好的法式糕點傳奇、食譜和最佳餐廳
麥可保羅 Michael Paul 定價320元

巴黎每個角落充滿著琳琅滿目的糕點、巧克力和甜點，這些更都已成為生活中簡單又不可或缺的樂趣。隨著美食作家兼攝影師麥可保羅的腳步，一起探索巷弄中令人無法忘懷的馬卡龍、濃郁的法式巧克力和如珠寶般耀眼的各式甜點和蛋糕。書中包含20多種正統法式甜點食譜，不需要到巴黎，在家也可以自己做出巧克力閃電泡芙、蛋白霜甜餅、檸檬塔和傳統瑪德蓮等法式小點心一飽口福。

傳奇與時尚 LADURÉE馬卡龍·典藏版
Ladurée團隊 定價1000元

已經有百年歷史，以馬卡龍（MACARON）屹立於法式甜點界的法國老舖Ladurée，開始於路易·歐內斯特·拉杜蕾（Louis Ernest Ladurée）的表弟皮耶·德斯方登（Pierre Desfontaines），他於20世紀初時，突發奇想地將兩片馬卡龍餅乾與美味的甘納許做成夾心。自那時起，這個擁有酥脆外殼與入口即化內餡的小圓餅，變成為Ladurée的象徵性產品。隨著季節的律動，為喜愛馬卡龍的饕客們推出百變的新口味。

法國料理，基礎的基礎
名廚親授頂級配方、基本技巧、烹調用語，和飲食文化常識
音羽和紀/監修 定價380元

以精緻、美味聞名於世的法國料理，雖然是許多人心中的終極美食，卻也常給人「只能在餐廳才能品嘗」、「做法步驟複雜，新手止步」的印象。在本書中，日本法國料理名廚音羽和紀傳授讀者們：如何用超市、市場就能買到的食材，在家烹調正統法國料理，更以自己多年來的主廚經驗，教導從零開始學習的新手們烹調的技巧與訣竅。

Cook 50142

異國風
蔬食好味道
在地食材 x 異國香料，
每天蔬果多一份的不偏食樂活餐

作者 金一鳴Jimmi

攝影 廖家威

美術設計 張小珊工作室

編輯 古貞汝

校對 連玉瑩

行銷 林孟琦

企畫統籌 李橘

總編輯 莫少閒

出版者 朱雀文化事業有限公司

地址 台北市基隆路二段13-1號3樓

電話 （02）2345-3868

傳真 （02）2345-3828

劃撥帳號 19234566 朱雀文化事業有限公司

e-mail redbook@ms26.hinet.net

網址 http://redbook.com.tw

總經銷 大和書報圖書股份有限公司（02）8990-2588

ISBN 978-986-6029-78-3

初版一刷 2015.01

定價 320元

國家圖書館預行編目

LOHO異國風蔬食好味道
── 在地食材x異國香料，
每天蔬果多一份的不偏食樂活餐

金一鳴Jimmi著 一初版一台北市：
朱雀文化，2015.01【民104】
面；　公分，─（Cook50142）
ISBN 978-986-6029-78-3（平裝）
1.食譜 2.異國料理 3.香料料理
427.31　　　　　　　103026142

About 買書：

● 朱雀文化圖書在北中南各書店及誠品、金石堂、何嘉仁等連鎖書店均有販售，如欲購買本公司圖書，建議你直接詢問書店店員。如果書店已售完，請電話洽詢本公司。

●● 至朱雀文化網站購書（http://redbook.com.tw），可享85折起優惠。

●●● 至郵局劃撥（戶名：朱雀文化事業有限公司，帳號19234566），掛號寄書不加郵資，4本以下無折扣，5～9本95折，10本以上9折優惠。

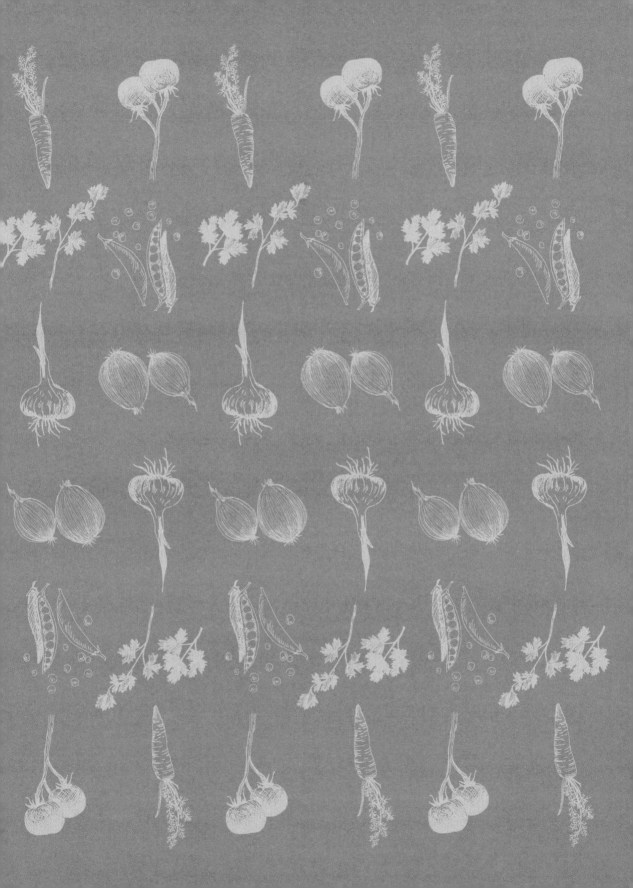